如何掌握青少年的心理规律

RUHE ZHANGWO QINGSHAONIAN DE XINLI GUILÜ

林珍 编著

中国出版集团
现代出版社

图书在版编目（CIP）数据

如何掌握青少年的心理规律／林珍编著．— 北京：
现代出版社，2011.9（2025 年 1 月重印）
　ISBN 978 – 7 – 5143 – 0274 – 5

　Ⅰ．①如… Ⅱ．①林… Ⅲ．①青少年心理学 – 研究
Ⅳ．①B844.2

　中国版本图书馆 CIP 数据核字（2011）第 146924 号

如何掌握青少年的心理规律

编　　著　　林　珍
责任编辑　　陈世忠
出版发行　　现代出版社
地　　址　　北京市安定门外安华里 504 号
邮政编码　　100011
电　　话　　010 – 64267325　010 – 64245264（兼传真）
网　　址　　www. 1980xd. com
电子信箱　　xiandai@ vip. sina. com
印　　刷　　三河市人民印务有限公司
开　　本　　710mm × 1000mm　1/16
印　　张　　13
版　　次　　2011 年 9 月第 1 版　2025 年 1 月第 9 次印刷
书　　号　　ISBN 978 – 7 – 5143 – 0274 – 5
定　　价　　49. 80 元

前　言
PREFACE

　　青少年在心理发展上处于人生初期的关键和特殊时期。生理发育是心理发展的基础，这一时期的最大特点是生理的急剧变化，特别是处于外形剧变、机能增强和性成熟的"三大巨变"中。

　　青少年心理发展是遵循心理发展和成长的一般原理和规律的，但是，作为人生发展历程中的一个特殊阶段，青少年的心理发展规律，不管在发展的主题与任务，还是发展的规律等方面，与童年期相比都存在着明显的差异，甚至在某些方面是质的不同。

　　青少年的心理发展规律是颇具特色的。他们的智力迅速发展，突出表现在逻辑思维的发展上；他们的情绪和情感比较强烈，常有明显的两极性，很容易"动感情"；他们的好奇心和求知欲强烈，表现出猎奇和探索的欲望，勇于接受新生事物；他们的自我意识迅速增强。因此，促进其人生观、价值观和世界观的形成，以便将来以健康成熟的心理走向社会，便是所有家长和教育者的责任。

　　所以，有必要审视一下我们的教育理念、教育方式、教育工具、教育对策，是否尊重了青少年的成长规律，是否尊重了青少年身心发展的特点。

　　本书针对当代青少年身心的变化特点，阐述了知识经济时代青少年的心理需求，剖析了互联网给当代青少年带来的影响，分析了作为独生子女的青少年独特的心理感受。开展心理健康教育并不单纯是因为青少年出现了越来越多的心理问题，更重要的目的在于提高广大青少年学生的心理素质。

我们希望一切从事心理健康教育的研究者和实际工作者，以客观的、实事求是的态度对待青少年学生，对待他们的心理健康和心理行为问题，以认真、坦诚、爱护的态度投入到心理健康教育中，切忌主观性和片面性。因为广大青少年学生心理是健康的；即使有这样或那样问题的青少年要求心理咨询或辅导，也说明他们积极要求自身的心理健康。这就是青少年心理的特点，健康是主流。

　　总之，我们应认识青少年的心理规律，认清青少年的心理问题，坚持青少年心理健康教育的科学性，以教育的模式而不是医学模式来看待青少年心理问题，加强青少年的心理健康教育，培养青少年坚忍不拔的意志、艰苦奋斗的精神，增强青少年适应社会生活的能力，为培养21世纪全面健康的人才而努力。

目 录

心理常识篇

撩开心理学的神秘面纱

青少年朋友们也许已经发现，随着社会发展和生活的需要，人们对心理学知识表现出越来越浓厚的兴趣。广告里、商战中，心理学原理的应用时常可见；心理学著作的出版数量极为可观，而且分类越来越细，然而心理学并不神秘。

一、心理学的研究对象

什么是心理学？许多初学者往往从字面上理解，认为心理学就是研究人内心想些什么的学问，认为学了心理学，就能轻而易举地知道别人心里想什么。其实，这种想法是比较片面的。要正确理解心理学，就必须清楚地知道什么是心理学，什么是心理学的研究对象。

心理学是从心理活动方面研究人类自身问题的一门科学，是研究人类心理现象产生和发展规律的科学。

那么，什么是心理现象呢？心理现象也就是我们通常所说的心理，是人类思想、感情等精神活动的总称。精神活动虽然是人在头脑中进行的活动，是看不见、摸不着的，但是，任何精神活动都离不开客观世界的物质基础，总要以一定的行为表现出来，正是在这个意义上，可以说，心理活动是有规律的，也是可以研究的。

心理现象是人类最普遍、也是最复杂的现象，每个人都有心理现象，我们生活在社会中，每天都在与外界环境打交道，每时每刻都有自己的感受和认识，在与人交往中，通过语言、表情、动作与他人相互了解。

心理学通常把心理现象划分为心理过程和个性心理两大类。①心理过程是指心理活动的过程，是对人类普遍的、共性的心理规律的研究；②个性心理是指不同个体的心理活动，是对特殊的、个别的心理规律的研究。

心理过程包括认识过程、情感过程、意志过程。个性心理主要表现在人的性格、气质、能力等方面的差异上。

应该说明的是，心理过程与个性心理的划分只是研究上的需要，它们是一个不可分割的统一体。心理过程是个性心理形成的基础，而个性心理的形成又直接影响一个人的心理过程。它们共同构成心理学的研究对象。

认识过程是最基本的心理过程，它是指人脑对客观事物特性、关系或联系的反映过程。感觉、知觉、记忆、想象和思维是其具体表现。客观事物的属性是多种多样的，如颜色、声音、气味、味道等，我们通过眼、耳、鼻、舌、身，可以对它们做出反映，这种依靠人的感觉器官对事物个别属性做出的反映就是感觉，假如我们把各种感觉综合在一起，将多种个别属性联系起来，这种认识就是知觉。可以看出知觉是在感觉的基础上形成的，是对事物的一个整体印象。假如这种印象保存在大脑中，一有条件能再度映现出来，这就是记忆。在感觉、知觉记忆的基础上，我们对事物各种属性进行综合、分析、联想、比较，得出这种事物的本质属性，以及它与其他事物的区别和联系，这一心理过程便是思维，这是一种对事物概括和间接的反映。感觉、知觉、记忆、思维是认识过程的组成部分，一般来说，它能使我们对事物的现象和本质形成映象。

情感过程是指人在认识客观事物过程中产生的各种心理体验过程，如喜、怒、怨、哀、惧等。

意志过程是人类特有的，自觉地确定目标，并为实现这一目标而克服困难、支配自身行动的心理过程。

心理过程是一个统一的过程，认识过程是基础，情感过程带有一定的主观色彩，既影响认识过程和意志过程，又受意志过程的调节和控制。

个性心理特征是指那些表现在人身上经常的、稳定的心理特征，是一个人精神面貌的体现，是不同人内心世界中本质的东西。

二、心理的实质

有些人总是将心理活动理解为"心里在想什么"。其实，科学已经证明，人的心并不能思考什么，大脑才是心理活动的主要器官。

那为什么会把心理与心里混淆呢？主要是因为古代科学技术不发达，人们注意到，在不同的心理条件下，心脏跳动的节律不同，因而认为心脏是心理活动的器官。随着科学技术的进步，人们研究发现，脑部受了伤的人，即使心脏完全正常，但心理活动会受到破坏。进一步的科学实验证明，心理活动是人脑的机能。

人脑是人的神经系统中枢，是一个结构复杂的器官，包括小脑、延脑、脑桥、中脑、间脑和大脑的两个半球。两个脑半球的表面称为大脑皮层，大约由140亿个神经细胞组成。人的各种心理活动就是大脑皮层细胞活动的结果。

心理活动产生的基本方式是反射。外界刺激作用于感觉器官，感觉器官把刺激信息经神经传入大脑，经皮层的加工、整理，然后发出信息，神经细胞活动的结果通过神经引起效应器官的活动，如动作、表情、语言等。

反射是机体对刺激做出的规律性的应答活动，分为无条件反射和条件反射。无条件反射是一种本能的反射，是先天固有的，如新生儿生来就会吸吮。条件反射是无条件反射与某种无关刺激多次结合后形成的反射，是一种信号系统。信号可以分为两大类：①直接物刺激形成的信号，包括各种视觉的、听觉的、触觉的物理刺激等具体信号；②抽象的信号，如我们听到"汽车"这个词而没有看见具体的车，但我们头脑里仍然会出现"汽车"的形象，可见抽象信号是人类实践经验的产物。

仅有人脑，也不一定会产生心理活动，"狼孩"证明了这一点。只有当客观现实作用于人脑时，人脑才会形成反映。客观现实包括自然环境和社会环境，它们是人心理活动的源泉。心理对客观现实的反映是能力的反映，这种反映往往受到个人态度、经验的影响，人不仅能够反映事物的表面现

心
理
常
识
篇

象和外部联系，而且还能反映事物的本质和内在联系。同时，心理活动还能调节和支配人的行为，反作用于客观现实。

心理和其他事物一样也处在发展之中，人只有通过实践活动才能认识世界，反映客观事物的本质和规律。反映得正确与否也必须在实践中检验，人的心理是在实践中发生、发展的。

综上所述，心理是人脑的机能，是人脑对客观现实的反映，心理是在实践中发展的。

三、心理学的研究方法

心理学的研究通常采用以下几种方法：

1. 观察法

由研究者直接观察记录研究对象的言行变化，从而分析或判断其心理活动的特点。从时间上，观察可分为长期观察和定期观察；从范围上，可分为全面观察和重点观察；从规范上，可分为个体观察和群体观察。

2. 调查法

为研究某一问题，预先拟定题目，让受调查者自由表达其态度或意见。方式有问卷调查和访问调查。

3. 实验法

研究者根据一定的研究目的，事先拟定周密的计划安排，把与研究无关的因素控制起来，让被试者在一定的条件下引发出某种行为，从而研究一定条件与某种行为之间的因果关系。有实验室实验、自然实验等。

四、学习心理学的意义

心理学是一门应用很广的科学，又是一门古老而年轻的科学。在古代许多思想家的著作里，我们不难找到描写人心理活动的语句，以及对心理现象的见解，但是，心理学作为一门独立的学科，发展至今才有一百多年的历史。心理学的发展前景是非常广阔的，目前已形成了众多的分支学科，如普通心理学、教育心理学、社会心理学、艺术心理学等等。

那么，学习心理学有什么意义呢？

1. 心理学是我们研究人类本身的一门学问，了解一些心理学常识，有助于我们了解自己，提高自身的心理素质。心理学对心理现象的研究，可以帮助我们了解自己的心理特点，分析自己认识事物的方式、方法，自觉地扬长避短，力争对事物的认识更全面准确。它还帮助我们了解自己的性格特征，塑造良好的个性品质，更好地服务社会。

2. 心理学对人类普遍心理现象的描述，可以帮助我们认识他人、认识世界。人的一切行动都受一定的心理调节和控制，透过行动表现，我们可以比较全面地了解他人的心理特点，并对其未来行动做出预测。同时，在社会交往和社会活动中，心理学知识也有利于我们展示自己的性格、气质和理解他人，适应社会。

3. 学习心理学，有助于我们树立科学的世界观。心理学揭示了心理、意识与客观现实的关系，证实了唯物主义关于物质第一性、意识第二性这一基本原理。正如列宁所说："心理学提供的一些原理已使人们不得不拒绝唯心主义而接受唯物主义。"

人的心理过程

人对世界的认识是从感知开始的。感觉、知觉是最简单、最基本的心理现象，离开了感知，人也就失去了客观世界的心理联系，就难与周围世界相适应。

一、感　觉

1. 感觉的特性

心理学家曾做过这样一个实验：他们把受试者单独关在一间昏暗的隔音室里，躺在一张小床上，受试者还要戴上手套、臂套和半透明的墨镜。受试者除听到空调单调的嗡嗡声之外，各种感觉基本上被剥夺了。

结果发现，受试者在此期间，注意力不能集中，有的人控制不住地胡思乱想，有的人产生了幻觉，有的人变得神经质。他们失去了时空观念，各种能力受到了损害。这一实验有力地说明，感觉是意识与外部世界的直接联系，没有感觉，人的心理活动就无法进行。

感觉是脑对直接作用于感觉器官的事物个别属性的反映，如我们用眼睛看到物体的颜色、用耳朵听到声音等。按照感受器官的不同，心理学将人的感觉分为五大类，即视觉、听觉、嗅觉、味觉、肤觉。

感觉的主要特性有绝对阈限、差异阈限、感觉的适应等。

阈限是界限的意思。实践证明，任何刺激要能引起我们的感觉，必须达到一定的量，在这个量以上的刺激就能引起感觉，在此之下，便不能产生感觉。阈限可分绝对阈限和差异阈限。前者是指能引起我们感觉的最小的刺激量，例如，在室内多远放一块手表，我们能听到它的滴答声；夜晚我们能看到多远的烛光。后者是指能让我们感觉出 2 个刺激的最小差别量，如某人提 2 千克物品，然后加 0.5 千克，如果他感觉不到两者的差异，可再加 0.5 千克，这时，如果他正好感觉到了 3 千克比 2 千克重，那么 1 千克便是他的差异阈限。有经验的染色工人能辨别出几十种不同的黑色，这是一般人难以做到的。

感觉的适应是指在刺激物持续作用下引起感受器官灵敏度变化的现象，这种变化可以引起感受性提高或降低。当某种刺激较久时，能够引起感觉灵敏度降低，这时人的绝对阈限和差异阈限加大，必须要加大刺激强度，才能产生感觉。古语中所说的"入芝兰之室，久而不闻其香；入鲍鱼之肆，久而不闻其臭"，正是这种现象的最好说明。同样道理，如果较长时间内缺乏某种刺激时，感觉灵敏度随即提高，人的绝对阈限或差异阈限减小，只要有较弱的刺激，就能产生感觉。

在日常生活中，感觉适应现象普遍存在，它对人们的影响有好的方面，也有坏的方面。如身居闹市，对车辆、行人等发出的噪音，我们适应之后，依然能有效地进行工作和学习，这是感觉适应的积极作用。再如，冬天长期用煤炉取暖的居民，对煤气的嗅觉灵敏度降低，有时发生中毒事件，这是感觉适应的消极作用。

感觉变化还有另外一种情况，叫感觉的对比，是指同一感觉器官同时或较短间隔时，接受不同的刺激而引起感受性发生变化的现象。例如，同样一个灰色的长方形，放在白色的背景里会显得暗些，放在黑色的背景里会显得亮些。这是两种刺激同时作用于视觉器官产生的感受性发生变化的现象。再如，人刚吃过苦药之后，再喝一口白开水，会觉得白开水是甜的，这是由于刺激物先后作用于我们味觉器官而引起感受性发生变化的现象。

2. 视觉与听觉

在人的各种感觉中，视觉与听觉是最重要的两种，它们分别是由光和声音刺激引起的，人们80%的信息来自这两种感觉。

光的刺激分为两种：①发光体直接发射出来的光；②由物体反射出来的光。我们在生活中被刺激的光大多是反射光，因而在没有光线或光线不足时，我们便看不见物体。颜色的感觉是光波的长短引起的，有的物体对所有的光都反射出来，看起来此种物体就是白色的；有的物体对所有的光波都吸收，因而看起来是黑色的；有的物体反射红色以外的所有光，因而看起来就是红色的。

暗适应和明适应是视觉的两种主要特性。如从阳光下走进电影院时，开始你什么也看不清，过一会儿后，你才能慢慢看清一排排座位和其他观众，这就是暗适应。亮适应与之相反，在阳光下的雪地里，人会不自觉地眯起眼睛，过一会才能适应。暗适应与明适应是依靠视网膜上的神经细胞感光敏度的改变来实现的。

听觉是由声音的刺激引起的，声音可以通过气体、液体或固体来传送，但比光的传播要慢。引起听觉刺激的声音在物理上称为声波。它有三种属性，即频率、振幅、复杂度，心理学研究声音时，一般表述为音调、音强和音色。

在介绍视觉和听觉时，我们会自然联想到盲人与聋人，也许我们发现过这种现象，即盲人的耳朵特别灵，聋人的视力特别好。心理学上称之为感觉补偿，指某人失去某种感觉能力后，他的其他感觉能力会因此得到提高。这种现象的发生，有人认为是后天注意力集中训练造成的，盲人失去了视觉功能，便不自觉地注意听力训练以适应生活；也有人认为是"用进废退"的结果，聋人听不见声音，因而平时较多使用视觉，提高了视觉感受能力。

二、知　觉

1. 知觉的特性

知觉是客观事物的整体通过人的感觉器官在人脑中的反映，是对感觉获得的反映的综合，有人把它与感觉的关系形象地说成司令部与侦察兵的关系，感觉"侦察"的信息，传到"知觉"这个司令部。对信息做出分析、综合、判断，得到事物整体印象的过程，就是知觉。

知觉的主要特性有：

（1）知觉的选择性。感觉器官在反映事物时，并不是对所接触的刺激全部作出反映。事实上，由于客观世界的复杂多样，人也不可能同时对众多的刺激同时进行感知。一些刺激被我们的意识所把握，一些刺激可能被我们"视而不见"、"听而不闻"。我们总是有选择地把某一事物作为知觉对象，而同时把其他事物作为知觉对象的背景。这种现象就是知觉的选择性。

在知觉过程中，人对知觉对象的反映更为清楚，对知觉的背景反映则显得模糊，不容易记住。什么样的事物容易被人选择为知觉对象呢？这主要取决于两个方面：①由于客观事物的特性；②人们的主观需要和兴趣。在同一场合，人们可以有共同的知觉对象，也可以选择不同的知觉对象。例如，老师上课时，要求学生将注意力集中到黑板上的挂图，这时，挂图便成为学生共同的知觉对象，黑板上的板书便成为背景。再如，学校开运动会时，坐在看台上的同学由于个人的爱好、兴趣不同，会选择不同的知觉对象，有的人可能注意掷铅球，有的人可能注意跳远。

（2）知觉的整体性。人在感知事物时，并不是孤立地知觉事物的不同属性，而是根据经验把知觉为一个统一的整体。例如，我们看一个人时，并不是只看眼睛或鼻子，还得看他的身材、言谈举止，把他作为一个整体来感知。

多种刺激形成一个整体的知觉，但这一整体并不是各部分的简单之和。对一个事物的整体知觉取决于它的关键性强的部分。有时，知觉刺激的本身可能是不完整的，但人们由于自身已有的知识与经验仍然把它们作为一个整体。

（3）知觉的恒常性。当知觉条件发生一定变化时，如角度的变化、距离的变化，知觉不受变化的影响，仍将事物看成是原来的样子，这是知识的恒常性。如我们在近处看一个人与离得较远处看同一个人时，虽然他留在我们视网膜上的影像不同，但我们还是把这个人感知为同一个人。

知觉的恒常性表现多种多样，这里简单介绍其四种表现：

①亮度恒常性。它是指由于物体本身所处的光线环境变化时，我们保持对其亮度知觉的不变。如一支粉笔在教室里其白色显得暗些，在阳光下显得白些，我们仍把它看成是相同的白色。②大小恒常性。即前面所举看一个人的例子，我们把他看成固定的大小，不因距离远近不同。③形状恒常性。如一个竖立的圆柱体，从侧面看是一个长方形，从上面看是一个圆形，但我们仍把它知觉为一个圆柱体。④颜色恒常性。透过有色眼镜看一个物体会表现出不同的颜色，但我们的知觉仍保持它本来的颜色。

2. 知觉的种类

根据知觉的不同对象特点，心理学上将知觉分为空间知觉、时间知觉和运动知觉。

（1）空间知觉。指人脑对事物形状、大小、距离、方位等空间特性的反映，帮助人们对远近、高低、方向做出一定的判断。一般把空间知觉分为视空间知觉和听空间知觉。前者是指以视觉基础而形成的深度知觉或远近知觉；后者是指当视空间知觉受到限制时，人依靠听觉判断自身与外界物体的距离等关系。

（2）时间知觉。指人脑对时间长短、快慢的反映。人类没有专门器官感知时间，总是要通过某种衡量时间的物体来反映时间，如天体的运行规律、日历、时钟等。在实际生活中，人们对时间的知觉与计时工具测出的时间常常不相符合。同样一段时间，有的人会觉得短，有的人会觉得长。

同样，同一个人在不同的条件下，对时间的感知也不一致。一般来说，情绪愉快时，会觉得时间快，"光阴似箭"；心情不愉快、遇到挫折和困难时，会觉得时间慢，"度日如年"。除个人情绪外，人的知识经验也会影响对时间的知觉，如有经验的老师在课堂 45 分钟内，一般能精确估计时间，掌握授课内容和节奏。

（3）运动知觉。指人脑对物体是否移动、移动快慢、移动方向的反映。运动知觉在足球赛中表现最为明显，如果缺乏运动知觉，球员对同伴的传球不能做出速度和方向上的判断，就不能合理穿插，不能默契配合。运动知觉的表现有一定的特殊性，有时由于物体移动速度没有达到一定的量，我们感受不到，如一只手表的分针、时针是否在移动，一下子我们难以判断；有时，物体本身没有移动，只是我们自身在移动，却感到物体在运动。

3. 错　觉

有一种特殊的知觉，它对客观事物的反映是不正确的，是歪曲的反映，这就是我们平常所说的错觉。例如：1 千克棉花和 1 千克铁，用手拎起时总觉得铁块重、棉花轻；坐在开动的火车上，看到窗外的树木在移动。为什么会产生这些错觉呢？主要是由于主、客观方面的原因引起的。如晚上看月亮和行云，人会觉得月亮在云中行走，这是客观环境变化引起的错觉。对时间快慢的错觉主要是由于人的主观原因引起的。

错觉是对事物歪曲的反映，干扰了人对知觉对象的正确认识，是消极的，但是，如果利用恰当，错觉也会产生积极的作用。如在军事上，迷彩服等伪装措施，就是利用了错觉原理，给敌方以错觉，达到求胜的目的。在日常生活中，我们还可以从建筑、摄影、戏剧、魔术、杂技之中，找到错觉现象。

三、情　感

1. 情感的特征

情感是人对客观事物是否符合自己的需要、愿望、观点而产生的一种态度和体验。

　　这里所说的客观事物既包括个体外界的人、事、物，也包括个体本身的心理活动。例如，某位同学做了一件错事，受到老师或父母的批评，而感到难过、内疚，这种难过、内疚是由外界引起的；再如，一个人想起某件事觉得伤心而痛哭，这种伤心是由于回忆这一心理活动引起的。所以，情感是外在或内在的刺激引起的体验。

　　情感是一种主观感受，虽然也是对客观事物的反映，但反映的不是事物的本身，只有情感的主体才能体验到。例如：同样在火车站候车室等车，广播里说某次列车晚点，一般来说这一信息不会引起不乘这趟车乘客的情感体验，但却会让乘这趟车并急于去某地的乘客十分焦虑。再如，电视节目中播放的股市行情不会引起不玩股票人的体验，但对炒股者却有很大的情绪影响。

　　情感有两种表现：①凡能满足人的需要、符合人的愿望的客观事物，就使人产生愉快、喜爱等肯定的情绪或情感体验；②凡是不符合人的需要或违背人的意愿、观点的客观事物，就使人产生厌恶、烦闷等否定的情绪或情感体验。

　　不同的情感对人的身心有不同的影响。肯定性情感使人高兴、乐观，能提高人的大脑皮层和神经系统的兴奋水平，有利于提高工作效率；否定性情感使人厌烦、悲观，给人以较重的精神负担，长期的紧张和恐惧会导致多种疾病。

2. 情感的分类

　　情感的种类根据不同标准可分为情感状态和社会性情感。

　　情感状态根据情感发生的强度和持续时间的长短分为激情、心境、应激状态。

　　（1）激情。这是一种爆发迅速、猛烈的情感状态。如某件事物突然出现在我们面前，引起我们强烈的爱憎，这种狂喜、愤怒就是一种激情。可见，激情是由外界强烈的刺激所引发的，在此状态下，人总表现出剧烈的内心活动和外部表情，如呼吸急剧加快、全身发抖、毛骨悚然、面如土色等。激情有积极和消极两种状况：①积极的激情是人们投身工作和学习的动力，会促使人知难而进，勇往直前；②消极的激情常常表现为一种盲目的冲动。

（2）心境。这是一种比较平静和保持相对持久的情感状态。心境的主要特点是它不一定反映在某一件事物上。人一段时期有一段时期的心境，心境一旦产生，它好像就是人这段时期看事物的眼光、角度，它使人把自己的主观感情色彩涂抹到他所面对的事物上。正如"喜者见之则喜，忧者见之则忧"。心境可能是愉快平和的，也可以表现为抑郁、烦躁，如我们常说的"好像看什么事都不顺眼"。由于心境是较持久的情感状态，它对学习、工作的影响较大，良好的心境使人精神振奋、精力充沛；不良心境使人意志消沉、浑浑噩噩，终日无所用心、无所事事。

（3）应激。当人遇到危急情境或意想不到的事突然发生时，人产生的情感状态即是应激，在一定程度上，这是人生理和心理上的本能。其表现是：有的人"急中生智"，能力超常发挥；有的人"倍觉茫然"，仿佛陷入思维的真空地带，不知所从。人难免遇到突发事件，只要我们平时多做训练，提高心理承受能力，在情感的应激状态下，就一定能消除恐惧，克服困难，应付自如。

根据情感的社会性内容，可以把情感分为道德感、理智感和美感。

（1）道德感。它是指人对自己的言行与社会道德标准符合与否的情感体验，是人与社会道德关系的反映。当人的观念以及由此指导的行为符合一定社会道德标准时，人就感到道德上的满足；反之，则产生悔恨、自责等情感上的体验。

（2）理智感。它是指人在智力活动过程中发生的情感体验，是人们认识现实、掌握知识的需要是否得到满足的反映。人在智力活动中有新的发现，会产生满足的情感体验，遇到困难或挫折时，则产生疑虑的体验。

（3）美感。它是指人根据一定的审美原则和标准对客观事物进行评价时产生的情感体验。一幅绘画能给人艺术上或精神上的美感，使人产生满足的体验。一部低级庸俗的作品，不能满足人的艺术需要，让人感到丑陋，而产生愤怒的情感体验。

3. 情感表达

情感表达的方式是多种多样的，仅语言表达方面就难以计数，但这是一种间接的表达，心理学上一般把面部表情、肢体语言等作为情感表达的直接方式。

（1）面部表情。表情实际上是一种沟通，它包括两个方面的内容：①情感体验者用此表示自己的心理体验；②他人由此能正确判断体验者的心理状态。面部表情以肌肉活动为主，如眉飞色舞、满面春风、愁眉苦脸、喜形于色等。在面部表情中，眼睛的活动有特殊的作用，被称为"心灵的窗户"。如：眉目传情，是说相爱者深情注视传达爱的情感；怒目而视，是说仇者之间传达着愤怒的情感。外国心理学家研究还发现，高兴和惊讶主要由眼和脸下半部表示；讨厌由脸下半部表示；生气由脸的下半部、眼眉及额头表示。最易见的情绪更是通过面部表现出来的，如悲伤时哭泣、流泪，恐惧时瞪大眼睛。

（2）肢体语言。肢体语言也可以叫身势语言，是指用身体的动作来表达而达到沟通的目的，用肢体表达情感在日常生活中也是相当普遍的现象。如握手表示友好，鼓掌表示欢迎或兴奋，搓手表示焦虑。许多成语中也有这样的例子，如拍案而起、击节赞叹、垂头丧气等。肢体表达同样让他人能够识别体验者的心理感受。人与人之间距离的不同也常常反映一定的亲疏关系。心理学家研究发现，亲密的人相处可以接近到1英尺（1英尺 = 0.3048 米）之内；朋友之间非正式接触时保持1.5 ~ 4英尺的距离。当然，由于文化背景的不同，肢体上同样的动作并不一定表示同一种情感体验。另外，由于不同个体生理及心理方面的影响，相同的情感在表达方式和程度上也有一定的差异。

4. 青少年的情感特点

个体进入青少年时期，随着生活条件的变化以及经验的积累，情感得到发展，出现了以下特点：

（1）情感稳定性增强。随着认知能力的发展，青少年对事物的主观感受性增强，情感表现出相对的稳定性，不再像儿童时代受情境因素影响较多。如儿童会因为在课堂上回答不出老师的提问而当场哭起来，而青少年一般不再因为一点儿小事便与同学之间的关系破裂，也不会因为学习上暂时的挫折表现出强烈的情绪反应。

活泼热情是青少年相对稳定的情感特点，他们富有朝气，以较大的激情活跃在班级集体中。集体活动是他们表达热情的最好场所，他们往往身心投入，容易形成良好的心境。

（2）情感内容日益深刻。青少年的情感体验中已开始注入社会的内容，例如，课本上介绍英雄不屈不挠的品质，科学家废寝忘食、刻苦钻研的奉献精神，介绍祖国悠久历史文化、大好河山的知识，都会激发他们热爱祖国、献身真理的情感体验。

随着集体活动的深入开展，青少年有能力、有机会参与一定的公益活动，在实践中体验到互助、友爱、荣誉感、责任感等情感。有时，他们会用社会对成人的标准来要求自己。

（3）情感自我调控能力增强。与儿童时期相比，青少年控制自己的情感能力得到了加强。但与成年人相比，其自控能力还是较多地表现出冲动的一面。从生理上讲，是由于青少年正处在身体发育的鼎盛时期，受内分泌素的影响，其神经系统具有较高的兴奋性；从心理上讲，青少年情感的易受刺激性和反应性明显提高，因而时常不容易控制。

四、意　志

"意志坚定、毅力顽强"是我们常常用来评判一个人素质的词语。意志是指人自觉确定目的，并支配调节行动，以达到预定目的的心理过程，表现为高度的自觉性、坚韧的精神和顽强的作风。

1. 意志的概念

意志是在人的行动中表现出来的。人的行动是有目的、有组织的活动。目的确定以后，我们通常会根据自己的能力，分析可能出现的困难，选择达到目的的方法，克服实际中出现的困难，通过行动作用于客观事物，最后达到目的。这一心理过程就是意志过程。人的意志有三个特征：①目的性，②动作性，③克服困难。

意志过程是人类特有的心理活动，也是人主观能动性的发挥过程。它建立在认识的基础上，受情感的影响，同时又对认识和情感过程发生调节和控制作用。

分析意志的全过程有利于我们进一步了解意志的特征，从而有目的地培养良好的意志品质。

2. 意志的动机

一个人的行动不是无缘无故的，总是出自一定的动机，指向一定的目的。我们说意志确定目标的过程也是解决动机冲突的过程。因为人在确定目标的过程中，可能会有几个动机起作用，当这几个动机不能同时得到满足时，动机冲突便产生了。这种冲突有时表现为公与私、个体与群体间的利益矛盾，有时表现为个人兴趣方面的矛盾。人在确定行动目标、采取行动时要解决这些冲突。由于人的行动往往会给社会带来一定的影响，具有良好意志品质的人，能使自己的行动服从于社会道德标准，会因为集体和国家的利益舍弃自己的利益。他们能充分认识社会和自身的能力，脚踏实地，选择意志行动的动机和目的。

意志目标出现以后，便进入了意志行动的决策过程，其主要内容是选择行动的方式与方法，拟定行动的计划。如果达到目的的方式途径有两种或更多种，还必须权衡利弊，选择最佳方案。在这一过程中，人的知识经验、能力与意志品质等因素起着重要的作用。具有良好意志品质的人会充分考虑各种行动方案给他人及社会带来的影响，因而会选择既能达到目标又不给他人造成不良影响的方式。知识经验丰富的人，会正确估计行动过程中出现困难的难易，从而选择科学的最佳方案。

3. 意志的执行

接下来便是执行决定的过程，主要内容是克服各种困难，采取行动，在实施过程中修改完善行动方案，达到目标。

意志过程始终是一个自觉的行动过程。毅力是这一过程中不可缺少的因素。毅力顽强的人能较持续地保证大脑皮层和神经系统的兴奋度，能够不屈不挠地克服困难，达到既定目的。毅力在意志品质中表现在自制性和坚持性两方面。毅力强的人能够自觉地控制自己的情绪，较少受不利于实现目标的因素的干扰，能约束自己的行为以便达到目的；毅力强的人还能够充满信心，百折不挠地克服困难，将决策执行贯彻到底。

个性心理特征

心理现象分为两大类：①心理过程；②个性心理特征。这两类心理现象的关系是共性与个性的关系。在上一章里，我们论述的是心理过程，在这一章里，我们将详细讲述个性心理特征。个性心理特征包括能力、气质和性格。

一、能　力

能力，是指直接影响人的活动效率，使活动任务得以顺利完成的心理特征。能力分为一般能力和特殊能力两大类。一般能力是人们顺利完成活动任务必须具备的一些基本能力，包括观察力、记忆力、注意力、思考力、想象力等。这些能力的核心和主要部分，适用于广泛的活动范围。特殊能力是在特殊活动领域发挥作用的能力，它是顺利完成某项专业活动所必须具备的能力。例如，研究数学必须具备计算能力、空间想象能力，以及逻辑思维能力；从事文学创作，一定要具备阅读能力、艺术想象能力和文字表达能力。

一般能力和特殊能力，在具体活动中总是有机地联系在一起的。一般能力越是发展，就越为特殊能力的发展创造了有利条件；反过来，特殊能力得到发展，也必定促进一般能力的发展。

先天素质对后天能力的发展有一定影响，但素质本身并非能力，良好的能力绝不是与生俱来，只有通过后天的教育和自身的实践活动才能获得。

在春秋战国时期的古籍中，已提到智力、智能。如"智力不用则君穷乎臣"（《韩非子·八经》），"夺其智能，多其教诏"（《吕氏春秋·审分》），《黄帝内经》不仅指出人的一般能力有强弱之分，所谓"士之才力，或有厚薄"，而且谈到专业能力的高低差异。

《内经》根据人的思维、情欲、意志和行为的不同，还将人分为"智者"和"愚者"两种类型。在思维方面，愚者只知形、察异，而智者善思、察同；在意志方面，愚者意志不理，而智者意和。

二、气 质

气质，是心理活动的动力特征，包括速度、强度和倾向性，它是高级神经活动类型的外部表现。不同气质的人，心理活动的特点也各不相同。①活泼型气质的人，活泼好动，善于交际，思维敏捷，易接受新事物，但印象不深；情感比较外露但体验不深，容易产生也易变化。②不可抑制型气质的人，直率热情，精力旺盛，脾气急躁，易于冲动；思维敏捷，但准确性差；情感明显外露，但持续时间不长。③安静型气质的人，安静稳重，沉默寡言；善于克制自己，善于忍耐，不尚空谈，情感不易外露；外部动作少而缓慢，主意稳定，不易转移。④弱型气质的人，好静，体验方式少，但体验深刻、持久；情感不易外露，动作迟缓，但准确性高。

气质主要受遗传因素的制约，是稳定性最强的个性心理特征。具有某种气质的人，在动机、目的、内容不同的活动中，都会显示出同样的动力特点。例如，一个安静型气质的人，参加庆祝活动总是乐而有控，不会手舞足蹈；参加追悼活动，也能哀而有节，不会呼天喊地。当然气质并非完全决定于先天遗传因素，也要受后天环境的影响，在教育、生活环境及个人长期实践的影响下，也会产生一定的变化。

祖国医学对人的气质的划分，是以阴阳学说为指导。《内经》所谓重阳之人、多阴之人、阴阳和调之人、重阳有阴之人以及多阴有阳之人，似可视为五种不同气质的人。

（1）重阳之人，其气质特征为"其神易动，其气易往也。熇熇蒿蒿，言语善疾，举足善高"。

（2）多阴之人，其气质特征为"多阴而少阳，其气沉而气往难，故数刺乃知"。

（3）阴阳和调之人，其气质特征为"血气淖泽滑利，故针入而气出，疾而相逢也"。

（4）重阳有阴之人，其气质特征为"多阳者多喜，多阴者多怒，数怒者易解，故曰颇有阴，其阴阳之离合难，故其神不能先引"。

（5）多阴有阳之人，其气质特征为"其阴气多而阳气少，阴气沉而阳气浮者内藏，故针已出气乃随其后，故独行"。

根据阳主动、主外、主兴奋，阴主静、主内、主抑制来划分：①重阳之人，似可视为兴奋亢盛型气质；②多阴之人为极度抑制型气质；③阴阳和调之人，即兴奋与抑制协调型气质；④重阳有阴之人是兴奋占领优势，而抑制不足型气质；⑤多阴有阳之人，则为抑制占优势，而兴奋不足型气质。

三、性　格

性格，是人对待现实的稳定态度和惯常行为方式方面的心理特征，是个性心理特征的主要特征。人与人的区别，首先就表现为性格不同。

性格与气质的关系最为密切，性格的形成也以神经类型为其先天基础。但性格不像气质那样主要受遗传因素的影响，而更多地受后天环境的制约，社会、家庭、学校、工作岗位都给性格以重要影响，都是性格的塑造者。

性格不是一朝一夕形成的，但一经形成，就比较稳定。因为一些比较稳定的外界因素经常反复地作用于人，人也总是按一定的方式应答，久而久之，便形成对现实比较稳定的态度和惯常的行为方式。

一个人的性格，总是通过言谈举止和外部情感表现出来。言为心声，思想支配行动，所以，只要"听其言而观其行"，就能了解人的性格，特别是人在社会活动中的行为方式，最能反映其性格，正如恩格斯所说："人物的性格不仅表现在他做什么，而且表现在他怎样做。"（《马克思·恩格斯选集》）

古代对人的个性表现，做了十分深入细致的观察，并且着重研究人的心理类型差异，对心理类型的划分做了多方面的探讨。这种以类型分类的方式来研究人，本身就是一种科学的创造。尤其可贵的是，在分类研究中，不是孤立地去研究，而是运用人天相应、形神一体、内外相应、知行统一的整体观，从多方面、多层次去进行综合性的整体研究；不是孤立地研究人的自身和人的主观心理活动，而从人与自然环境、社会环境的内在联系中去研究；不是抽象地研究，而是从其言、行、表情等看得见、摸得着的表现去进行具体的研究。

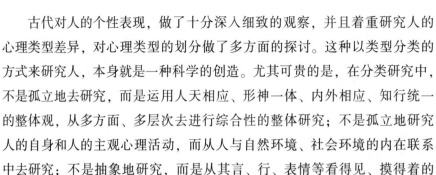

青少年的发展心理

青少年时期是人生旅程的重要阶段，它处于从幼稚到成熟的过渡阶段，其间的身心发展对今后的人生道路将产生重要影响。如何在青少年时期进一步认识自身，了解他人，适应社会，是青少年朋友较为关注的话题，因此学习身心发展的基本理论是十分有益的。

一、发展的基本理论

1. 身心发展的规律

在心理学上，发展是指个体随着年龄的增加，其行为和心理发生变化的过程。其主要规律有以下几点。

（1）先天因素与后天因素共同作用。先天因素主要指遗传因素，后天因素主要指自然环境和社会环境。应该说，两者对发展的影响贯穿了人的一生，但在不同的发展阶段起的作用是不一样的。

个体在出生之前，主要受遗传因素的影响。个体处于幼年时期，在身体发展方面，先天因素的影响比后天因素大，在心理方面，后天因素的影响比先天因素大。个体成熟后，无论在身体，还是在心理方面，后天因素起着主导作用。

（2）连续性与阶段性的统一。身心发展是一个连续的过程。前后发展之间有内在的联系，前一发展是后一发展的基础，后一发展是前一发展的持续。例如，身体发展上，婴儿是先能坐，次能站，再能走。在心理上，人也是先有自我意识，才能发展个性。连续性的含义还指后一发展并不取消前一发展，而是包含其中。如儿童先会坐，后会站，但能站立并不意味坐会消亡。

个体的发展还具有阶段性特征，各阶段身心的发展，不仅是量的增加，而且还有质的改变。身心发展是一个由量变到质变的过程。在量变期间，身心发展表现出相对的稳定性，而当量变积累到一定程度时，便引起身心质的变化。不同的质变构成不同的发展阶段。青年道德观念的发展就是这样，由于自我意识的形成，随着对社会行为准则认识的积累，逐渐形成自己的道德认知。

人一生的身心发展，包含着一系列的发展阶段，它们和发展的连续性是一个共同的整体，相互作用、相互影响。

（3）发展的差异性。主要表现为：①不同年龄阶段的心理发展，具有不同的速度，一般来说人在1周岁前和青春期身心发展的速度较快，其他阶段则相对平稳；②不同的心理过程有不同的发展速度，如人的语言发展速度较快，个性形成需要的时间则相对长些；③不同的个体身心发展的速度和最终水平不同。

2. 埃里克森的发展观点

发展是多方面的，单就心理发展而言，有语言发展、情绪发展、思维发展、道德发展、社会发展等诸多方面。发展理论也是学派林立。针对青少年心理发展的特点，这里介绍美国哈佛大学心理学教授埃里克森的发展理论。

埃里克森的理论具有两个特点：①任何一个阶段的心理发展是否顺利，都与前面阶段的发展有关，前阶段发展顺利，将为后阶段发展打下良好的基础；②每一阶段发展过程都有特殊的矛盾和核心问题，即"危机与转机"矛盾未解决之前，心理危机将一直存在，直到矛盾解决，危机变为转机，因而继续发展。

埃里克森将心理发展分为八个阶段。

（1）1岁。这是获得基本信任感而克服基本不信任感的阶段。心理危机表现为"对人信任对对人不信任"。基本信任是指人的需要与外界对他需要的满足保持一致。这时，婴儿如果得不到周围的人特别是其父母的关心与照顾，就会对外界的人产生害怕与怀疑的心理，以致影响下一阶段的发展。

（2）2~3岁。这是获得自我控制能力，培养自信心而避免产生怀疑感、羞耻感的阶段。心理危机表现为"自控、信心对怀疑、羞愧"。儿童这时开始有了独立自主的要求，如想要吃饭、走路、自己拿玩具。这时，父母如果能允许他们独立自主地完成一些力所能及的事，就能培养他们活泼好动的性格。否则，其心理发展便会受到抑制，产生怀疑感与羞愧感，如尿湿裤子、不能完成某些想干而干不成的事而遭父母及其他人训斥，将会使其在以后发展中难以克服自我怀疑、行动缩手缩脚的困难。

（3）3~6岁。这是获得主动感而克服内疚感的阶段。心理危机表现为"主动、自发对被动、内疚"。这时，儿童的运动能力、语言能力已有一定的发展，能参加较简单的游戏，对外界充满了好奇心，成人对他们如果多加引导和培养，引导他们参与一些活动，耐心解释他们提出的一些问题，儿童的主动性就会得到发展，能够自发地参加小集体的活动。反之，则使其受到挫折，产生内疚感，如果大人认为他们的好奇心与所提出的问题不值一提，因而加以嘲笑和指责，将影响他们在下一阶段的发展。

（4）6岁至青春期。这是获得勤奋感而避免自卑感的阶段。心理危机表现为"勤奋进取对自贬自卑"。这时，人的智力以及其他各方面能力有了相当的发展，思考问题常有一定的深度，活动也扩展到家庭之外，对他们产生影响的已不只是父母，邻居、同伴、教师对他们的影响相对要大些。由于他们此时已具备了求学、做事、待人的基本能力，他们对外界的兴趣越来越浓，对工具、技术的兴趣常常使他们废寝忘食。这时，他们如果得到成人的支持、帮助，会更加努力、更加勤奋，向多种领域进取。反之，则使他们觉得自己无能力、不能成功，因而自我贬低，产生较强的自卑感。

（5）青年期。这是增强自我意识而避免行动无目的的阶段。心理危机表现为"自我认识对角色混乱"。这时，人已开始思考自己到底是一个怎样的人，也可以说，社会上的人已把他作为一个独立的个体来看，仿佛登上了社会舞台，他们扮演着一定的角色。从别人对自己的态度中，他们认识着自己，同时，他们对人的认识也较为全面。这一阶段如果自我观念不明确，生活缺乏目标，时常对周围的人和事物感到困惑迷茫，则严重影响下一阶段的发展。

（6）成年期。这是建立家庭生活阶段，获得亲密感，避免孤独感的时期。心理危机表现为"友爱亲密对孤独离群"。个体这时如能参与社会活动及人际交往，获得友谊和爱情，与他人同甘共苦、互相关心，便获得友爱亲密感，获得成功的感情生活，奠定事业发展的基础。反之，不能与他人分享快乐与痛苦，无法与人亲密相处，就会陷入孤独寂寞的境地。

（7）中年期。这是成家立业的阶段。心理危机表现为"充满创造对自我专注"。具体说也就是解决"成家"与"立业"的矛盾。个体此时面临两个发展方向：①除关心自己家庭外还注重事业的发展，关心社会上的其他人；②只关心自己的家庭成员，为了自己及家庭的利益，甚至不惜以牺牲他人的利益为代价。

（8）老年期。这是获得完美感而避免失望感阶段。心理危机表现为"完美无憾对悲观绝望"。这时，人开始回首往事，觉得一生很有价值，便产生完美感，无怨无悔，安享晚年。反之，如认为自己走错了人生之路，失误、错误太多，则感到绝望，有时甚至产生报复社会的心理，从而整日精神萎靡，浑浑度日。

以上八个人生发展阶段是埃里克森根据自己的人生经验，以及多年从事心理治疗观察总结出来的。其理论于1950年提出后，便一直受到心理学家们的关注，成为研究身心发展的重要理论。

二、自我意识的发展

自我意识是人对自身以及自身与外部世界关系的认识，它是个体心理发展的产物，同时，自我意识的加强也是青少年心理发展的主要特征。

1. 自我意识主要包括三个方面

（1）物质的自我，指个体自己躯体的意识。婴儿不能把自己的躯体与外部世界分开，在他们看来，自己的手、脚与玩具没有什么区别，我们可以说婴儿尚无自我意识。

（2）社会的自我，指个体对自己外部行为及人际关系的意识。个体生活在社会之中，需要他人的关注与认识，他对不同的人有不同的期望，在不同的关系中，自己有不同的表现。

（3）精神的自我，指个体对自己心理活动的意识。个体根据情境，自觉调节、控制自己的心理状态及外部行为。

2. 自我认知

自我认知是自我意识的重要组成部分，是个体对自己及对自己与外部世界关系的认识，主要包括自我观察、自我分析和自我评价三个方面。

（1）自我观察

人是观察的主体，也是观察的对象，不但有对自身行为及外部特征的观察，而且还把自己的心理活动作为观察对象。

（2）自我分析

通过分析自己的外部行为、内心世界来认识自己。这种分析常使人以社会比较、自我暴露、自我解剖等方式形成对自己的印象。

（3）自我评价

在自我观察和自我分析的基础上，个体对自身及外部世界关系的判断。一般来说个体自我评价的方式有：①以别人对自己的评价为参照来评价自己；②以自我分析的印象为根据来评价自己；③通过和自己地位、条件类似的人相比较来评价自己；④以自己理想的评价为参照来评价自己。自我评价往往很难做到准确全面，容易过高或过低，容易使人产生自高自大或自卑失望的心理。

3. 自我行动

自我行动是自我意识的表现形式，其意义在于保持自己的心理平衡，维持人际关系的和谐。自我行动的方式是多种多样的。例如，为使自己对自己满意，人们一般希望给别人一个好印象，因而自己常选择适当的言辞、表情和动作来表现自我。

和心理的其他方面一样，自我意识的发展也是由低水平向高水平逐渐发展的。青少年时期是自我意识的确定时期，其主题和目标是确立自我统合感，避免自我角色混乱。

自我统合感也就是自我一致的心理感受。具体地说，就是青少年通过不同途径，进一步认识自己，对自己的过去、现在、将来产生一种内在的连续之感；进一步认识自己与他人的相同和差异，认识自己的现在与未来在社会中的关系。

由于青少年对外界观察能力、思考能力的发展，他们一般从以下几个方面思考"自我"：①我现在想要什么？②希望将来成为什么样的人？③父母对我的期望是什么？④我与他人在身体方面有何区别？⑤别人对我的看法如何？⑥我现在要解决什么问题？对这些问题的思考及其结论，便成为青少年自我意识的主题。换言之，其结论也就是个体的自我认知、自我评价，回答了"我是谁"、"我向何处去"的人生问题。

4. 自我意识的发展结果

当然，由于个体身体、心理以及环境的影响，加之知识、经验等因素，青少年对上述问题的思考会出现不同的历程和结论，从而导致心理和行为不同发展现象的产生。大致会有以下四种情况：

①顺利型。自我意识确立，发展方向明朗。

②有矛盾但仍在探究解决方法。

③矛盾明显存在并陷入无法自解的困境。

④自己无主见，一切听从他人安排。

当然由于多种因素的影响，这几种状况可以相互转换。

三、智力发展

智力是一种综合性能力，是人从事各种活动时必须具备的普遍的共同的能力。一般包括两个方面：①人们认识客观事物和解决实际问题的能力；②在先天遗传基础上，通过后天学习可能表现出来的潜在能力。

1. 智商的概念

不同个体智力发展水平存在着一定的差异，智力发展水平可以通过智力测验来表现，智力测验是能力测验的一种。每种智力测验包含几组测量不同方面能力的题目，题目形式有文字和非文字两种，测验结果所得的分数经过计算、转换可以得到一个智力的数量指示，简称智商。常用的是比率智商和离差智商。

要说明的是心理年龄这一概念。为了测验智力，将题目的难度按年龄分组，例如10岁的学生平均能通过的题目放在一起，13岁的学生平均能通过的题目放在一起。某人通过的题目数，即表明他的心理年龄达到实际该年龄的水平。如果与实足年龄相等，则说明其智力发展平常；如果心理年龄低于实足年龄，则说明其智力不足；如果心理年龄高于实足年龄，则说明他智力超常。

2. 智力的概念

智力主要包括观察力、记忆力、思维推理能力、想象力等。

观察是有目的、有组织的主动的对客观事物的感知。观察要求全面、准确、深入。观察力不是天生就有的，而是在实践中发展起来的。培养观察力可以主要从以下几方面努力：

①培养良好的观察习惯。良好的习惯包括：细致而不是粗枝大叶，有计划有目的地选择观察对象，养成做总结和记录的习惯等。

②发展多种感觉器官的功能。要多看、多听、多接触，力求对事物有全面准确的了解。

③力求客观，尽量排除主观因素的影响，避免"先入为主"。

想象力是指人对已有表象进行加工改造而形成新形象的能力。想象可分为再造想象和创造想象。再造想象是根据语言文字的描述或图纸、符号，在头脑中再造出与其相应的新形象的过程。创造想象是头脑中独立创造新形象的过程。

发展想象力：①要丰富自己的表象和言语。所谓表象是指保持在记忆中的客观事物的形象，它是想象的材料，表象越丰富，想象的空间便越开阔。想象又是通过言语表现出来的，要注意用丰富、准确、清晰、生动的言语来描绘事物。②要有计划地进行想象训练。如对静物做动态的想象，变无声为有声想象；对抽象词做具体形象想象；对物做拟人想象等。

变态与常态

大多数人都有过焦虑、抑郁、莫名其妙的愤怒或者不能对付复杂生活的经历。今天，要过一种令人满足而有意义的生活，比过去的世纪困难得多。在一个社会变革急剧和知识与技术高速发展的时代，曾给我们祖先以安全感的社会，已不能再作为我们行为的准则，有关我们工作、学习、婚姻和家庭的许多传统看法都面临严峻的挑战。大量的事实证明，今天的生活比过去有更大的压力。镇静剂、安眠药、酒精和其他药物的应用逐渐增加；犯罪、特别是暴力犯罪的数量增加；人们企图通过沉思和自我催眠来改变自己的意识状态而获得解脱的尝试也越来越多。

今天人们所承受的社会心理压力远远高于以往任何时代。在这样一种情境下，我们不得不来讨论一下"变态"。我们将努力划分清楚变态与常态行为的界限。但这一点在实际当中又是很难做到的。

一、变态的定义

我们怎样给"变态"下定义？用什么标准区分"变态"与"常态"行为？

1. 统计常模的离差

变态这个词指"离开常态"。许多特性，例如身高、体重和智力，当对全体进行测量时，均包括一个数值的分布。大多数人的身高处于中等范围；少数人是反常的高或反常的矮。反常的定义是以统计次数为常模的。但是，根据这一定义，那些极端聪明和极端幸福的人就会被划为变态。因此，给

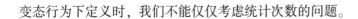

变态行为下定义时，我们不能仅仅考虑统计次数的问题。

2. 社会常模的偏离

每一个社会都有某种一般可以接受的行为标准或常模。明显偏离这些常模的行为就被认为是变态。然而在用社会常模的离差作为标准来定义变态时，还存在几个问题。

被一个社会认为是正常的行为，可以被另一个社会视为是变态。例如，当实际上并没有人谈话时却"听到声音"，或者"看到幻象"，一些非洲部落不觉得这有什么不正常。但是大多数社会却认为这种行为是变态。

在同一个社会中，变态的概念是随时间变化的。例如，在美国，20 世纪 50 年代吸大麻、在海滩上赤身裸体被认为是变态，但在今天，虽然仍不为多数人认可，但趋向于作为生活格调的不同来看待而非变态。

最有争论的是同性恋究竟应不应该认为是变态的问题。同性恋者曾被认为是患有精神障碍的"病人"，但是今天，越来越多的资料表明，将同性恋者视为"病人"是不正确的。

因此，常态和变态的意思依社会的不同和同一个社会中时代的不同而变化着。任何关于变态的定义都不能仅仅根据对社会的依从来考虑。

3. 行为的适应不良

许多社会科学家相信，最重要的标准是行为如何影响个人和（或）社会集团的安宁，而不是以对统计的或社会的常模的偏离作为变态行为的定义。按照这一标准，适应不良指行为对个人和社会两者引起了有害的结果——适应不良的行为就是变态行为。有一些违背常规的行为会妨碍个人利益。例如，有人由于惧怕人群以致不敢坐公共汽车上班，有人喝得大醉以致不能从事工作，以及企图自杀的人。

另外一些越轨行为是对社会有害的。例如青少年的暴力侵犯行为，妄想型患者预谋行刺国家领导人（当然，这些行为对于患者个人也是有害的）。如果我们采用这些适应不良的标准，则上述所有情况都可以说是变态的。

4. 个人的苦恼

第四个标准是以个人的主观感觉——个人的苦恼来看变态，而不是以他的行为作标准来考虑。大多数（但不是全部）被诊断为"精神病"的人感到极端痛苦；他们是焦虑的、忧郁的，或是急躁不安的，并可能因失眠、食欲不良，以及许多病痛引起的痛苦。被称为神经症的这一类型变态中，个人苦恼可能是唯一的症状，这种个人行为可以显得正常或者甚至是高效率的。

上述定义没有一个对变态行为做出完满的描述。在大多数例子中，上述所有四种标准——统计的、社会的、行为的适应不良和个人苦恼——在诊断变态上均要考虑到。变态一词在法律上的定义就是：判定一个人为"精神错乱"在很大程度上是根据他已失去判断正确和错误的能力，或者已失去控制自己行为的能力。但是从诊断目的来说这一定义比起上面的标准是更不能令人满意的。我们必须强调所谓"精神错乱"是一种法律术语，而没有被心理学家采用以讨论变态行为。

二、什么是常态

给常态下定义比给变态下定义更加困难，特别是在一个急剧变化和错综复杂的社会里。心理学家传统的做法，是把注意集中在个体对环境的调节适应上。他们认为正常人格特征就是能够帮助个体顺应他们所处的环境——同别人和睦相处并在社会上找到一个适当的地位。许多心理学家现在都感到，如果把顺应这词等同于依从他人所作所为和所想的话，那么它对形容健康的人格来说，则具有太多的消极含意。他们集中注意于更积极的性质，例如个性、创造性和人的潜能的实现。

例如，马斯洛认为自我实现是人的最高动机。他讲到的大多数自我实现的人都被认为是心理健康的。然而，只有少数人发掘他们自己的潜力能够达到马斯洛的"自我实现"的程度。我们中大多数人过着例行的生活，受到日常生存无数需求的限制。但是我们不会被认为是顺应不良或精神失常。

尽管正常人格的定义缺乏统一的标准，大多数心理学家都同意用下列特性表示情绪健康。这些特征不能截然区分"精神健康"和"精神病态"；它们代表着这样一些特性，这些特性在正常人中要比在诊断为变态的人中表现得更为突出。

1. 对现实的充分感知

正常个体在估计他们的反应和能力，或解释他们周围的世界正在发生什么的时候是十分现实的。他们不会经常误解别人的一言一行，并能相当实际地评价自己的才能——他们既不过高估计自己的能力，强求解决超过自己能够胜任的任务，也不因为低估自己的所能而逃避一项困难的工作。

2. 自知之明

善于调节的人对自己的动机和情感是有某些意识的。虽然我们中没有一个人能完全了解自己的情感或行为，但正常人比那些诊断为"精神有病"的人有更深的自我意识。他们不掩饰自己的重要的情感和动机。

3. 对行为进行随意控制的能力

正常人在控制和指导自己行为的能力方面感到相当自信。偶尔，他们也可能凭冲动行事，但是他们能够在必要的时候抑制性欲和侵犯的驱力。他们也可能依从或对抗社会准则，但是这个决定是由意志做出的，而不是来自不能控制的冲动。

4. 自尊和认可

适应能力完善的人都对他们的自我价值有一定的评价，而且感到自己被周围的人所接受。与其他人在一起时能和睦相处，在社会环境中能反应自如。同时，他们并不感到在集体中被他人的观点所压服。无价值的感觉、疏远的感觉、缺乏社会承认的感觉，在诊断为变态者的人中是普遍的。

5. 形成诚挚关系的能力

正常人能够同他人形成密切而融洽的关系。他们对他人的需要和情感十分敏感，而且不为满足自己的需要做出过分的要求。通常，心理上有障碍的人是如此热心维护他们自己的安全，以致他们成了极端的自我中心者；他们全神贯注于自己的情感和所做的努力，他们寻求感情却不能回报。他们有时又害怕亲密的关系，因为他们过去的关系是破坏性的。

6. 效　率

适应能力完善的人在生产活动中能运用自己的能力，虽然他们的能力有大有小。他们满怀生活的热情，而不必勉强为难地去满足日常的要求。

有时人们争论说，不能解决利害冲突的人常因他们的痛苦而转向创造性工作。许多艺术家大概就属于情绪失常的人（根据对他们的行为的描述做出判断）。奇怪的是，既然他们有那么大的创造才能，那他们就应该也能"善于适应"。这一问题仍在争论中。但是他们的生活经历可以说明，有一点是清楚的。这就是他们的艺术成就是在他们自己和他们周围的人的巨大痛苦感受中产生的。在心理失常者中，虽然有少数人能够把自己的烦恼变为有利的因素，但大多数不能充分运用自己的创造才能，因为情绪的矛盾阻碍了创造性的发挥。

三、变态行为分类

所谓"变态"的行为涉及的范围颇为广泛。①急性的，短暂的，由特殊紧张事件引起；②慢性的，终生的；③神经系统疾病和损坏的结果；④社会环境不理想或错误的学习经验造成的。这些因素经常都是相互重叠、相互作用的。心理学家已经提出许多分类系统，用以划分多种诊断为变态的行为。

最广泛应用的系统是按照他们表现出的行为来进行分类。行为大致相同的人给以相同的标志。以这种分类系统划分的诊断类别就有我们下文要讨论的神经症、精神病、人格障碍。这类疾病的每一种又进一步划分为次一级的类别。我们在这里先简要地描述主要病种，然后在本章的其余部分考察次一级的类别。

1. 神经官能症（或神经症）

神经症和精神病的重要区别有以下几个方面：①神经症通常不是严重的变态行为形式，但他们苦恼烦忧之甚必须得到专家的帮助，有时甚至需要住院治疗。②他们并没有人格崩溃或与外界接触的障碍。③神经症病人虽然难以充分利用其心理机能，但一般能够进行社会生活。④神经症的主要症状是焦虑，焦虑可能直接感觉到，也可能通过防御机制反映出来。

2. 精神病

精神病的特点在于严重损害了心理机能，以致妨碍病人进行正常的生活，对现实的看法有极大的歪曲，使病人不能区分幻想与真实。这种歪曲表现为妄想和幻觉。

妄想是一种错误的信念，它与经验和证据完全不符合。精神病的妄想常常以某些观念为中心：①夸大妄想（我是宇宙之王，或我就是耶稣基督）；②迫害妄想（别人都议论我，他们设法毒死我）；③影响妄想（我的思想被来自火星的无线电波所控制，或墙上的插座孔放出的电流控制了我）；④人格解体（我已经不再是一个真正的人，我的体内腐烂了——我的内脏和大脑已经烂掉了）。

幻觉是缺少外部适当刺激的感觉经验。病人可能听到声音，看到映像，感觉有奇特的气味，或口内有特别的滋味等，但实际上并没有这些事实。幻觉常常强化了妄想的信念，如我听到有人以猥亵的名称叫我，闻到奇怪的气味（毒气?），这不明明是敌人加害于我，难道还需要有什么别的证据吗?

精神病人也表现有极大的心境改变（从狂暴的激动到抑郁性木僵），也有语言和记忆方面的障碍。

3. 人格障碍

人格障碍是长期社会顺应不良的形式。这一类别包括以下心理异常：极端依赖、反社会的或性变态的行为、酒精中毒、药瘾等。这些心理异常不伴有对现实的曲解和智能方面的障碍（在酒精中毒或药瘾逐渐发展到损害大脑的时候是例外，此时，病人就出现精神病症状而被划分为另一种类别）。

在分析了一些病例以后，我们就会发现这类变态行为分类的意义。实际上这种分类不是令人满意的。虽然在广义的区分上大家能意见一致（如一个人是否患有精神病），但心理学家和精神病学家对于特殊病人的诊断就有意见分歧（如神经症或精神病的某种类型）。每一个病人的行为模式和情绪问题都有各人的特点，极少能够清楚地归在某一个类别之中。

心理障碍的分类虽然并不完善，但是很有用。假如不同种类的变态行为具有同样的原因，那么我们只能把行为相似的人分成类别，从类似性中探索其原因，再从不同方面寻找其类似性。诊断的命名也帮助从事精神病医护工作的人员彼此交流信息。假若知道某一病人诊断为精神分裂症妄想型，这就能对他的行为有一些了解。知道这个病人的症状与其他病人相似，这也是有帮助的（可以知道病情的进展将会怎样，或某一种治疗将会有效）。

然而，假若我们把诊断的标准看得过于死板，上述的优点也会成为缺点。那就是：①假若对每一个病例重视单一特性，并且希望这一病人能与分类的要求一致起来；②假若我们忘记了适应不良行为的标志不是这些行为的解释——它不说明行为何以产生，又何以继续存在。

青少年期心理卫生

青少年期的年龄界限，由于各国社会文化不同，故其划分也各异。如中东某一国家，当一个人的年龄达到 13 岁便举行特殊的仪式，庆贺他开始进入青少年期。大多数国家将青少年期定为 10～20 岁。国内有人把 11、12～14、15 岁定为少年期（相当于小学高年级和初中一、二年级阶段），而把 14、15～17、18 岁定为青年初期（相当于高中阶段），把 17、18～22、23 岁定为青年中期（相当于大学阶段），把 22、23～25 岁定为青年晚期。

本书按 11～25 岁定为青少年期的标准进行叙述。

青少年期是从儿童到成人的过渡时期，也是身心发育的重要转折点。此期既不同于成人期，也有别于儿童期；既有儿童期的痕迹，又是成人期的萌芽。随着心理的改变，这些特点将随着生物、心理、社会因素的影响，而发生剧烈的变化。无怪乎有人称这个时期为"极不稳定期"或"狂飙期"。这是家庭、学校、社会最为关切并寄予厚望的时期。了解这段时期的心理卫生知识，了解青少年面临的心理卫生问题，及时加以正确引导，对青少年成长为对国家有用的人才大有裨益。

在国内，据估计，有心理卫生问题的青少年不低于 10%。归纳起来主要有家庭教育问题，学习问题，自杀、犯罪和性教育问题。性教育问题将在性心理卫生一章中论述。

一、家庭教育问题

青少年受家庭影响最早、最深。父母和长辈是子女的第一任老师，对青少年性格的形成起着重要作用。很多青少年的行为模式与家庭有一定联系，而这些又与父母的个性特征、素养、家庭气氛、社会地位、职业性质、经济状况以及教育水平有关。

1. 青少年的生理和心理特征

父母的教育方式对青少年的生活道路和前途更起着决定性的作用。尽管每位父母都期望自己的子女有抱负、有理想，成年后能有所作为。但采取什么教育方式才能使子女健康成长呢?

父母首先需了解青少年在这个时期的生理和心理特征。

（1）第二性征的出现，意味着性发育渐趋成熟，此时青少年发生一系列生理、心理、内分泌等改变，对性的困惑或错误的认识，可引起一些性心理的问题，如早恋、手淫恐惧等。

（2）大脑发育趋向完善、智力显著提高，抽象思维、判断推理能力增强，好奇、富于进取心，渴望独立。但由于对事物识别能力不足，看问题往往片面和主观，加上心理的易损性，在遭到挫折时，往往容易引起一些心理障碍或问题。

（3）求知欲旺盛的青少年对新事物反应敏捷，但观察尚不深入；情感丰富而不稳定，容易冲动；意志不坚定，易受他人的影响。如何适应家庭和社会环境，如何搞好人际关系，特别是同学、朋友间关系，对青少年的成长也很重要。如果处理不当，也会出现一些问题。

（4）自我意识的进一步发展和对外界认识的不断提高，生活经验不断积累，人生观和性格逐渐形成。但主客观矛盾此起彼伏，总的趋势是不稳定。正确引导青少年克服困难，应付生活危机是父母与长辈应尽的责任。

父母在家庭中既要注意青少年的不足，又要发挥他们的长处；既要帮助他们发现问题，又要协助他们解决问题。但父母对孩子的指导要符合心理卫生原则：多奖励，少惩罚。许多家长由于懂得这些知识，家庭成员之间坦诚相待、相互信任、相互帮助，经常有思想交流，家庭和睦、气氛民主，有利于调动每个成员的积极性，在家庭中既享受充分的权利，又承担着一定的义务，这是健康家庭的表现。这种家庭有利于青少年的成长。与此相反，少数家庭，由于家长不了解心理卫生知识，父母之间、兄弟姐妹之间关系不融洽，勾心斗角，气氛紧张，不能和睦相处，尤以离异家庭或寄养家庭为甚。这些青少年心灵受到创伤，情绪压抑。这种不健康的家庭，不利于青少年健康成长，因此而导致的青少年心理卫生问题比健康家庭多得多。

2. 家庭教育的失误

家庭常见的教育失误有以下几种。

（1）溺爱。爱子之心，父母皆有，这是人类的共同天性。但溺爱就不同了。父母和长辈对孩子的生活过分关心，一切包办代替，孩子在日常生活中缺乏独立锻炼的机会，逐渐成为家庭中唯我独尊的骄子或"小霸王"。这样的孩子心中只有自己，没有他人。在生活中，这类孩子养尊处优，自私自利；在学习上不努力，成绩很差，可能因厌倦学习而中途辍学。孩子往往难于适应社会生活。挫折与失败常可引起一些心理障碍。

少数人会由于私欲得不到满足而触犯刑律，走上犯罪的道路。有这样一位男青年，19岁，家里最小，上有三个姐姐，从小深受父母宠爱。在家中有"小皇帝"之称，父母及姐姐百般迁就。该青年贪玩好斗，学习成绩每况愈下，与学校差生为友。某次伙同一些青年，偷窃家中钱粮，到处游山玩水，其父母知情后不仅不责备，反而担心孩子在外面受苦，寄钱任其挥霍。回来后更是肆无忌惮，数次带女友在家夜宿，其父母仍然熟视无睹。后来因强奸罪，落入法网。

（2）过严。家长的主导思想是"学而优则仕"，"万般皆下品，唯有读书高"，希望子女成才之心十分迫切。有些父母文化不高，但希望自己的子女读上大学、做官，光宗耀祖。他们对子女从小严加管教，不尊重子女的独立愿望。

这些父母不能根据子女的具体情况，给予帮助，而是把自己的意志强加给他们，如发现子女做错事，轻则训斥，重则打骂，损伤其自尊心。这样做的结果，有少数青少年能理解父母"望子成龙"的良苦用心，发奋读书；另一些青少年则感到委屈愤懑，产生逆反心理，对父母猜疑、敌视，进而逃学、出走，沦为流浪汉或罪犯。

如一男性青年，20岁，家庭环境好，父母文化水平高。但父母对他非常严厉，要求该青年好好学习，经常检查他的考试成绩，若成绩不佳，必受训责备。高考落榜时，又被父亲痛打一顿。次年，经过努力该生考上夜大，但其父母不允许他去上学，一定要他考上正规大学。由于精神压力过大，他每次高考临场都非常紧张，屡试不中。

该青年对其父的苛求，由不满转为敌视，多次与其父发生冲突，甚至打骂父母；还认为父母对他进行迫害，到公安局报案。后来被送入精神病院。医生劝告其父母改变对其子女的态度，尊重儿子的意见，不应把自己的意志强加给他。父母接受了医生的意见，改变了对儿子的态度。该青年后来考上某医学院，读完了全部课程，毕业后一直情况良好。

（3）忽视。有些父母忙于工作或学习，对子女的教育心有余而力不足。学习不自觉的子女，如脱缰之马，成绩江河日下，喜欢结交"志趣相投"不爱学习的同学，或伙同社会上的青少年干坏事。当父母觉察，为时已晚，纠正其不良习气非常困难。

有的家庭，由于父母离异，一方或双方去世，或寄养他家，或父母不和，均使青少年的教育受到忽视。有些父母的道德和法律观念薄弱，平素交往的人低级庸俗，在孩子面前行为不文明，通宵达旦地打牌赌博，甚至让青少年接触一些丑恶的事情，必然使青少年的思想受到腐蚀和毒害。

少数青少年置身于这种不健康的家庭中，意识到身处逆境，洁身自好，也能做到出污泥而不染，他们的前途依然光明。不幸的是，确有相当比例的青少年，随波逐流，无心学习，追求不健康的生活方式，走上堕落或犯罪的道路。也有些人因为看不到前途，长期压抑而悲观失望，发生某些心理障碍，甚至轻生自杀。

如一个13岁的男性少年，初中文化，父母离异，与父亲一起生活。父亲终日忙于工作，离婚后心烦意乱，常把对妻子的愤恨发泄到儿子身上，稍不如意便横加指责或打骂。儿子为了逃避责打不得不逃往母亲处，希望得到母亲的庇护和宽慰，但继父对他横眉怒目，使孩子感到心情不快，最后，只好与社会上一些不三不四的青少年结为伙伴，借以摆脱无助与孤独。时间不长，他便养成了说谎、偷窃、攻击等坏习惯。

对这类青少年的行为问题，解决的关键在于加强家庭教育。尽管父母已离异，但对子女仍应尽其责，并配合学校教育，共同帮助孩子纠正不良习惯。

综上所述，家庭教育对青少年的健康成长极其重要。

3. 正确教育和引导青少年

（1）家庭教养不能仅着眼于青少年上学读书，完成作业

读书固然重要，但更重要的是提高青少年的知识水平、思想水平、道德水平和心理素养，让他们明是非、懂道理，尤其是做人的道理。随着年龄的增长，他们对事情已有一定的认识能力，但认识事物的角度往往是片面的。父母过分溺爱或管教过严，态度粗暴或恣意放纵，均不能达到良好的教育效果，甚至可使青少年产生逆反心理。重要的是要尊重他们的人格，维护他们的自尊心，听取他们的意见。以启发、诱导和鼓励为主的教育方

式，促进他们智力的发育，形成正确的人生观。在学习方面，要帮助他们确立正确的学习动机，以调动他们学习的自觉性和积极性。

（2）父母应了解青少年的某些心理特点

青少年喜欢有自己的天地，其隐私秘而不宣；他们与同学之间的交往常不愿意父母干涉或介入。如果父母私拆他们的信件，他们会很反感，认为这是很不道德的行为。他们与同学之间的交谈父母一般也不必参加。做父母的对子女这些心态应该理解，因为他们渴望独立；即使有些见解异乎寻常，是无法实现的幻想，父母也不宜轻易提出批评，或加以责备。对孩子的某些不现实的想法，应以平等的态度，用谈心的方式交换意见。有时也应允许他们按照自己的想法试一试，如遇到挫折，要关心他们。这样他们会在"吃一堑，长一智"的过程中积累经验，成熟起来。这样才有利于青少年保持心情舒畅，感到家庭的温暖，意识到父母是可亲近的；也只有这样，家庭教育的作用才可能充分发挥。

（3）重视亲子关系

如果亲子关系搞得很僵，子女对父母有敌对情绪，一切教育都很难进行下去。为了改善关系，可通过子女的同学或朋友，或亲属的帮助进行沟通。14 岁以后，同学或朋友的作用不可忽视，父母的话可以不听，但同学们的话都可以听进去。他们与同学在一起很愉快，而与父母在一起却不自在。因此，父母要重视青少年的朋友或同学之间的交往。对子女的同学应以礼相待，了解他们的想法，鼓励他们共同努力，为一个美好的理想而奋斗。有些父母对子女的同学或朋友看不惯而态度冷淡、生硬或不够礼貌，不仅使同学或朋友显得尴尬，还直接伤害了自己子女的感情。

（4）重视"榜样"的力量

由于青少年很善于模仿，故父母和老师都要身教加言教。父母的一举一动，应为子女做表率，要使自己的言谈举止符合道德和法律的规范。父母对子女可以谈谈亲身的经历，谈谈自己的成就是如何取得的。此种现身说法的教育方式，既亲切又富于情感，容易使子女在潜移默化中接受。父母即使没有什么成就，谈谈自己的成功与失败，对自己的子女也有好处。

二、学习压力问题

学校是培养和造就人才的地方。青少年能否很好地适应学校的学习生活，取得优异成绩，对以后成为有用之才至关重要。教师的职责是使来自各种不同家庭的学生成为德、智、体全面发展的合格人才，要达到这个目的，教育心理学的基本原则不可忽视。一般从小学到高中阶段，就能对某个学生是否有培养前途，能否由高中进入大学，培养成为国家的专门人才作出预测。高中阶段更为重要，因为升学竞争激烈，有些在高中以前学习成绩平平的青少年，在决定自己命运和前途的高中阶段，常以顽强的意志夜以继日地拼搏，所以，难免不发生各种各样心理卫生问题，较常见的如程度不同的抑郁、焦虑、强迫、疑病等症状。这些心理卫生问题与青少年在学习阶段面临的压力有关。

1. 压力的来源有如下几种。

（1）来自学校高中阶段的学习压力

许多学校追求高升学率，学习层层加码，造成学生精神上的负荷过大。有些学生由于基础好、聪慧，尚得适应，最终如愿考入大学；而有些中等成绩的学生在最后的拼搏中，除一部分能闯过"难关"外，大部分难以适应，长期的压力与矛盾很容易发生神经衰弱症状；有的学生即使进了大学，由于学习的紧张也容易患神经衰弱。据上海五所大学调查，其患病率为0.3%~10%。患了神经衰弱的学生看书稍久即头痛、头昏、注意力不集中、记忆下降、烦躁、易激动，或出现心惊、气短、厌食、腹泻、尿频等植物神经功能紊乱的症状。一般康复很慢。不过只要注意劳逸结合，加强体育锻炼，病情会逐渐缓解。康复后若能得到老师的辅导和同学的帮助，学习还有希望赶上。

（2）来自父母"望子成龙"的压力

过分强调子女的学习，整日督促孩子看书、做作业。有些家庭还请了家庭教师。学生除完成学校的作业外，尚要完成大量的课外作业。为了保证学习，他们不许孩子看电影、电视及课外读物，偶尔参加文体活动，也横遭指

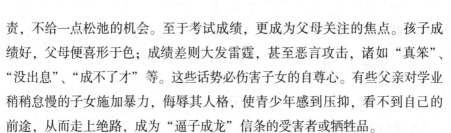

责，不给一点松弛的机会。至于考试成绩，更成为父母关注的焦点。孩子成绩好，父母便喜形于色；成绩差则大发雷霆，甚至恶言攻击，诸如"真笨"、"没出息"、"成不了才"等。这些话势必伤害子女的自尊心。有些父亲对学业稍稍怠慢的子女施加暴力，侮辱其人格，使青少年感到压抑，看不到自己的前途，从而走上绝路，成为"逼子成龙"信条的受害者或牺牲品。

（3）来自学生本身自我期盼的压力

有许多学生，特别是有进取心的中学生，努力学习，奋不顾身地争取名列榜首，他们只比第一名差几分，便感到难过、焦虑、自责。他们学习的目的不明确，患得患失，更经不住突然的打击。一旦高考落榜或学习成绩下降，便萌发放弃之念。

（4）来自社会的压力

社会上普遍存在着轻实际、重资历的现象，无论干什么都要文凭、学历，不是大学或大专毕业生就找不到好工作，不受尊重，不能出国留学等，再加上近几年来商品经济的迅速发展带来的一些消极的影响，如新的"读书无用论"，使有的学生"弃学经商"。社会上又存在着"体脑倒挂"等不合理的现象，也妨碍了一些青少年的学习积极性，使他们感到困惑或无所适从。这些无形的社会压力、精神上的负荷常使青少年的身心健康受到严重的影响。

（5）课外书刊的影响

古人提倡开卷有益，意思是说，好书使心智发达，茅塞顿开，引导青少年走向正确的道路，如优秀的小说、人物传记激励青少年奋发向上。青少年把英雄人物作为自己的学习榜样；把激发进取的名言警句作为自己的座右铭……这些均有利于青少年形成正确的人生观，成为有用之才。同时，有益的书籍还可以丰富文化生活、陶冶情操、使大脑能得到积极的休息，有利于提高学习效率。有害的读物，如黄色书刊，对青少年危害极大。因为青少年识别能力差，对一些淫秽书刊、画报，宣扬暴力、凶杀、色情的电视、录像，缺乏抵制能力容易受到腐蚀和伤害。他们对这些文化垃圾一旦着了迷，往往无论上课或下课都显得神不守舍、萎靡不振，以致学业荒废，甚至追求腐朽的生活方式，模仿不良行为，最后成为牺牲品。例如，有些女青年可因此而失身，继而迫于精神上的压力而轻生。

2. 正确面对压力

怎样才能帮助青少年学生正确对待所面临的问题和压力，减低对他们心身健康的不利影响呢？

（1）建立正确的学习动机

青少年在高中阶段往往具有不同的学习动机。很多人为当工程师、医生、教师、文艺工作者等而学习，有的人只为谋求一个较好的工作或较高的收入而学习。一旦学生自身的学习动机与国家的需要、社会的需要不完全吻合时，常会引起急剧的情绪波动。所以，家长、教师要及时引导青少年明确人生的意义，了解人为了什么活着，以提高他们对个人存在价值的认识，端正生活态度，从而明确自己的学习目的。正确的学习动机，必须通过不断的教育才能逐步形成。智力水平、家庭环境和经济状况不同，均可能直接影响青少年的学习动机、兴趣和效果。父母应根据子女的具体情况加以引导。学习目的明确，积极性高，学习中的很多问题就会迎刃而解。如果学习目的不明确，其学习往往是消极被动的，效果也不佳。预防学习问题引起的各种心理障碍，帮助青少年建立正确的学习动机，极为重要。

（2）掌握良好的学习方法

学习方法不良，与青少年发生心理障碍和神经症有关。好的学习方法强调合理用脑，长期脑力活动过度紧张，得不到及时调节与恢复，可产生头痛、头昏、失眠、注意不集中、植物神经功能紊乱等症状，学习成绩也会随之下降。相反，大脑一直处于休息状态，缺乏必要的刺激，也不可能提高智力水平。故合理用脑，注意工作、学习与休息的合理安排，使大脑保持良好的功能状态，才能获得良好的学习效果。好的学习方法可提高学习兴趣和自觉性。在学习过程中，要鼓励孩子的点滴进步，使孩子明白要循序渐进，不能操之过急，和"欲速则不达"，"世上无难事，只怕有心人"，"功夫不负有心人"等道理。告诉孩子不要因偶尔考试失败而烦恼，也不要为一次侥幸的成功而沾沾自喜。要正确对待分数，胜不骄，败不馁，为自己的学习目标执著追求。

（3）要重视全面的学习

青少年时期是学习的黄金时期，不仅要学好文化知识，也要学好社会知识和其他有用的生活知识与做人的知识。下述几点尤其需要加以注意。

①遵纪守法、讲究文明礼貌和道德修养，要从小养成大公无私、乐于助人，关心集体的品质，让良好的作风、道德修养成为行为的准则。

②培养爱国精神，增强民族责任感，提高自身的道德觉悟，并能正确处理国家、集体与个人之间的关系。

③培养健全的性格与正确的人生观。青少年阶段，正是性格和人生观逐渐形成的重要时期。家长、教师在这个时期要发挥影响，积极培养青少年的道德意识，使他们树立远大的理想，充分发挥自己的主观能动性，经过实践和努力，形成正确的人生观。在具体做法上要有计划让孩子阅读一些有益的书籍，以英雄人物为榜样，积极参与社会实践，并不断培养高尚的情操和不畏艰难的坚强意志。

三、自杀问题

自杀既是社会问题，也是医学问题。从生物学的观点看，一个人的一生总是为个人和人类的生存而斗争的。而自杀却违反了这个生物学规律。自杀可理解为一种适应不良行为。自杀者面对困难或挫折，不能应付，以致采取自我毁灭的方式，试图逃避现实，摆脱困境，消除内心的痛苦。

青少年时期是人生的极不稳定时期。发生于这个时期的自杀，屡见不鲜。在英国剑桥大学学生中，每 10 万人中约有 22 人自杀，而当地居民与大学生年龄相当的人，每 10 万人中只有 6 人自杀身亡，大学生的自杀率比居民中的同龄人高出 3 倍。有自杀意念而无行动或自杀未遂者远远比自杀身亡者为多，故值得引起重视。

1. 青少年自杀的常见原因

（1）人际关系紧张，尤其是与父母的关系紧张

由于父母的管教过严或与父母发生激烈的冲突而愤然离家出走。他们的心情悲观绝望。其中的幸运者可能得到同学和朋友的及时安慰与劝导，

免于自杀身亡。但不幸者却可能徘徊街头，孤立无援，最终走上自杀的绝路。这种情况常见于某些生活在不健康家庭中的青少年。父母经常争吵，或闹离婚，或已经离异，往往使子女感到困惑、沮丧、压抑、自卑。家庭被不和谐的气氛所笼罩，缺乏天伦之乐，使他们原来已不健康的心理再受挫折，更看不到前途，其自杀可能性更大。

（2）考试失败或高考落榜，是我国青少年自杀的常见原因之一

此种人起初往往对自己估计过高，一旦考试失败便感到"无颜见江东父老"，加之缺乏父母的谅解与支持，甚至遭到讽刺谩骂，自尊心和自信心丧失殆尽，于是走上寻短见的绝路。

（3）失恋或失身，也是青少年中常见的自杀原因

据英国的调查，自杀的青少年中52%有失恋问题。日本发现16.2%的青少年自杀的直接原因是失恋。失身导致自杀仅见于女性青少年。她们在遭侮辱后，内心很痛苦，又遭到别人的冷眼歧视，惶恐、羞愧、悔恨、自责的情绪交织在一起，成为一股巨大的力量，促使她们走向死路。

（4）意外的打击

平素一帆风顺的青少年，心理承受力很差。他们遭受意外的沉重打击后，如天灾人祸、亲人突然死亡或自身致残，往往走上绝路。

（5）封建迷信

在农村或社会文化落后的地方，少数青少年受到迷信的影响或欺骗而自杀身亡，以女性见多。

（6）精神疾病

英国的研究报告提出90%的自杀者患有精神疾病。有人指出2/3的自杀者患抑郁性疾病。美国有一回顾性研究，发现134例自杀身亡的人中，60例有躁狂抑郁症病史，31例是慢性酒精中毒，5例为慢性脑病综合症，3例为精神分裂症，2例为药瘾，25例诊断不明，但肯定是精神疾病，5例有内科疾病史，只有3例是正常人。显然精神疾病是导致自杀的主要原因，应受到高度重视。有些学者认为，一些原因不明的自杀或"意外死亡"，在排除他杀后应考虑死者患有精神疾病。抑郁症与自杀关系最密切，应引起人们的高度警惕。

2. 抑郁症及自杀案例

抑郁症患者表现为情绪低落、兴趣减少、工作学习效率低、对未来悲观失望、早醒、精力不足、无明显原因的食欲锐减、体重减轻、时有轻生念头等。轻者可与环境保持良好的接触，常不易为人们所觉察。抑郁症患者自杀率约为 10% ~ 15% 左右。在青少年中，有多高比例的人患抑郁症，尚无确切的统计数字。因其症状隐蔽，不易被发现，故应引起人们的警惕。下面的例子，可以给我们一些启示。

例1，女性，21 岁。她在大学一年级初期学习成绩颇佳，但逐渐感到脑子很笨，发木，心情不畅，消沉、沮丧，对学习无兴趣，对未来缺乏信心，悲观失望，常诉疲乏无力，精力不足，学习成绩下降，以致数门功课不及格，经常回到房间哭泣，少动、少语。哥哥是同校的研究生，经常责备她不争气，于是心理压力更大。老师发现，她情绪低落已经两个多月，认为她患了抑郁症，应找精神科医生及时医治。而她的哥哥否认她有精神病，拒绝医治。老师很同情她，亲自找精神科医生咨询。医生特别提醒应防范自杀。不幸的是未能及时治疗，一周后，她跳楼自杀身亡。

例2，女性，大学生，高中毕业时是班上的优秀生。大学第一学期，她学习成绩名列前茅。半年后，她感到脑子听不进课、记忆力不佳、疲乏无力、早醒、情绪十分低落，无法继续学习，主动要求回家。父母感到惊讶，误认为她可能因失恋影响了情绪与功课，不仅不给予安慰，反而打了她一顿。她感到十分委屈，诉说自己的抑郁体验，父母依然不能理解。后因她多次想跳河自尽，其母才找来精神科医生诊治。得悉女儿患抑郁症后，其父母才如梦初醒。经服药治疗，情况良好。

以上两例抑郁症起初均未能被亲人觉察。后因处理不同，结果迥异，教训可谓不小。在青少年中不乏类似情况，应引起高度警惕。

无论抑郁症患者或正常人自杀，均有一个心理过程。在情绪极低时，他们常有绝望、无助、自认无价值、活着无意义、回忆过去、谴责自己的体验。他们面对现实感到困难重重，展望未来感到悲观失望，认为自己活着是家人的包袱，便有了自杀的念头。

自杀的行动过程可分为三个阶段。第一阶段先出现自杀意念。第二阶段这些意念不断涌现，进而变为行动，但往往是不成功的，因为患者对生与死的选择还存在内心的矛盾，在此阶段仍有求生的愿望。有人统计过，有68%的人流露出自杀观念，约有38%的人表明他将要采取行动。在自杀当天向医生求助者仅占7%，故称第二阶段为向外呼唤和求助阶段。如果这个阶段得到有效的帮助，仍可能幸免于死。可惜这一阶段常被人们所忽视。最后阶段，自杀者往往果断、坚决地采取出乎人们意料的行动，其自杀成功率极高。

3. 预防自杀行为

自杀是可以预防的。下列几点不可忽视：

（1）减少压力

青少年的压力不外乎来自家庭、学校和社会。这些心理、社会因素容易导致青少年发生情绪危机，如果危机得不到妥善处理，则可能迫使青少年走上绝路。父母和教师应善于了解孩子的内心活动，及时给予安慰，关心与开导，并帮助其解决具体问题。对付危机的方法要因人、因事而异。一般应稳定情绪或诱导宣泄，解除忧伤，帮助他们顺利渡过危机。必要时可到精神科进行心理咨询。

（2）纠正不良性格

不是每个青少年遇到心理创伤和危机都走绝路。自杀的毕竟是少数，这与他们的个性有关。性格内向者，遇到问题不愿暴露；性格中有较多的抑郁倾向者，看问题悲观消极，不易看到事物光明的一面；性格固执者遇到挫折，则认为事已至此，无法挽回，别无选择，只有一死了之；情绪不稳，趋向极端者遇挫折也易发生轻生念头。作为青少年自己，要纠正不良性格，就应不断从实践中锻炼自己，从克服各种矛盾、冲突中，提高自己的认识水平和应付能力；同时要善于自我控制、自我评价、在克服一次又一次的危机中逐渐成长、坚强起来。

（3）对自杀的预测

自杀有一个心理过程，如能及时发现并加以防范，是可以避免悲剧发生的。据统计，从自杀预备到自杀，历时半年以上者为81.3％，其间有充分的时间来预防。一般青少年企图自杀者6％～27.5％有遗书。对青少年的自杀企图，父母、教师和亲人要细心观察，及时发现，加以疏导。对长时间情绪低落者或抑郁者，宜及时找精神科医生或心理工作者诊治。

四、犯罪问题

青少年犯罪是一个严重的社会问题。许多国家的青少年犯罪率上升。据统计，青少年犯罪占整个犯罪人口的比例：在美国是5.3％，英国为4.4％，在我国尚无精确的统计数据。

1. 青少年犯罪原因

青少年违法犯罪的原因与他们的人格、社会环境、家庭、学校环境或精神病态有关。通常是综合因素作用的结果，很少是单一因素所致。现分述如下：

（1）家庭教育不良

据国外统计，青少年犯罪者的家庭，多为不健康的家庭或破裂的家庭，如早年丧父母或父母亲离异。尤其是父母本身有过违法行为，对青少年影响更坏。他们心灵蒙受创伤，受歧视，抬不起头，为寻找刺激与安慰，被社会上的犯罪团伙所利用而参加犯罪活动。另一方面，在健康家庭中，父母对子女的管教过严，或溺爱、或粗暴、或放任，都不利于孩子良好性格和道德品质的形成；在适当的外环境影响下容易加入其他行为不轨的青少年行列，甚至沦为罪犯。

（2）学习的压力

犯罪青少年，多对现实不满，厌恶学习，上课不守纪律，成绩极差。因为他们认为读书无用，视学习为负担，经常逃学或自动辍学，到社会上去鬼混，使犯罪率大为增加。

（3）精神污染

黄色书刊、色情录像、恐怖、凶杀内容的电影、电视、赌博、酗酒、斗殴、卖淫等不断向青年侵袭，一些缺乏辨别能力、意志薄弱、缺乏克制力者，则易坠入其中，导致犯罪。

（4）不良的社会团伙

不良社会团伙对青少年犯罪起了很大的诱导作用。不良社会团伙有两类：①一些无正当职业的青年。他们大多数不学无术，好逸恶劳，臭味相投，凑合在一起，吃喝玩乐，为非作歹，导致犯罪。②以流窜犯或劳改释放犯为主体的社会渣滓。青少年因某种原因加入这样的团伙，受其教唆与操纵，最后也沦为罪犯。

（5）病态所致

不少青少年罪犯患有精神疾病或有人格缺陷。常见的有：

①智能低下，常为轻度智能低下和处于临界水平者。因他们对尊重的理解、判断和自控能力均差，易受人教唆而作案。

②精神病患者的早期阶段，症状不易为家人所觉察，直到作案后收审时亲属才意识到孩子患了精神病。某省 1985 ~ 1986 两年中有一千八百多起刑事案件系精神病人所为，其中大多为青少年。

③人格障碍不易为人们所认识。它是人格的一种异常发展，常表现为暴力、攻击和反社会行为。他们明知自己的行为是社会所不能容许的，但常因一时冲动、失控而触犯法律。

犯罪青少年一旦落入法网，常表现出不同程度的悔恨、自责。也可因心灵的震撼出现不同程度的抑郁、恐惧、焦虑、自卑、迟钝等症状，甚至发生监禁性精神病。

2. 防范自杀的措施

防止青少年犯罪，要针对其犯罪的原因，采取有效措施，其中包括：

（1）纠正家庭教育的失误

一旦发现子女有犯罪倾向，全家人应高度重视。对无法继续上学者，应力争安排工作，不能任其游手好闲，无所事事。家庭要保持良好的气氛，对孩子亲切关怀，使之感受到家庭的温暖和幸福。要根据具体情况协助他们制订生活计划，并督促其实施。

（2）高中阶段的学习问题要特别注意

学校不宜分什么重点班和非重点班，因为这样做容易造成对非重点班的放任自流。学校应着重加强思想政治、道德观念、法律和人生观的教育。在抓尖子生的同时也要抓差生。随便开除差生或勒令差生退学均不可取，这样容易把他们推向社会，推向犯罪。

（3）有精神病态或人格缺陷的青少年，应及早到医院诊断和治疗

家长平时应细心监护，以免发生严重后果。

（4）彻底扫黄，取缔黑社会团伙，移风易俗，改善社会风气，防止精神污染

据某省调查，有1/4的青少年罪犯接触过淫秽书画、录像，足见这些东西对青少年腐蚀之大。

（5）对失足青少年予以理解、帮助和教育

大多数犯罪的青少年，一旦被拘留或送入工读学校，往往感到悔恨。他们都愿意反省自己的过错，改过自新。政府应不失时机地给予适当教育。亲友也要积极配合，做争取工作。当他们重新回到社会时切不可歧视他们，应欢迎他们，关心他们，并安排适当的工作。如果对他们淡然视之或冷眼相看，可能令其滋长破罐破摔的念头，不但不利于教育，还有把他们再度推向犯罪的可能。

青少年的自我意识

一、自我意识的概念

既然心理是客观现实在人脑中的反映，那么，人能不能反映自己？回答是肯定的。人的大脑对自己的反映，称自我意识。

因为人不能离开周围环境而生存，所以，人的大脑在反映自己时，实际是反映自己以及自己与周围事物的关系。周围事物既包括物，也包括人。例如，当我们在班里排队时，马上会觉察到自己的个子在同龄人中是高或矮；通过各种学习活动，能对自己聪明与否，用功与否有所了解；在家里、

在学校里与父母、与老师、同学相处时，会知道自己是否受欢迎……这些都是自我意识。

1. 自我意识的组成

自我意识包括三大部分：

（1）自我认识。这是自己对自己的认识，像自我观察、自我概念、自我评价等。这是回答"我是谁"、"我怎样"的问题。

（2）自我体验。这是伴随对自己的认识产生的情感体验，像自尊感、自卑感、羞耻感、荣誉感等。这是自己对自己的外貌、个性、行为是否满意的一种情绪体验。

（3）自我调节。这是自己对自己心理与行为进行的控制支配。如自我暗示、自我期待、自我监督、自我教育等。这是要表明"应成为怎样的人"、"我能成为怎样的人"。

2. 青少年的自我意识

自我意识水平，反映了一个人心理发展的水平。我们通常听到成人评价孩子时说："这个孩子真懂事。"所谓'懂事'，实质是指他能够正确处理他和周围人、周围事物的关系。譬如，孩子放学回家，看到爸爸妈妈都未下班，随即收拾屋子、淘米、洗菜，着手做饭。待劳动一天的父母回到家时，饭菜已放在桌上，屋子又整齐清洁。晚饭后，稍加休息就认真完成作业。

这样的孩子就是正确处理了自己与父母、自己与家务、与学习之间的关系。这是自我意识水平高的表现。这种处理是建立在他对自己在家庭中的地位、自己与父母关系、学生的职责的认识的基础上的。相反，如果孩子到家后扔下书包去玩，待玩得筋疲力尽回家，就埋怨家长没把饭做好。饭后，碗一撂坐在电视机前就不想走，电视看完，才想起作业没做，于是急急忙忙草率对付……这反映了自我意识水平低，不能正确处理自己与父母、游戏与学习任务之间的关系。

自我意识是人独有的心理现象。迄今为止，心理学家还是认为动物没有自我意识。自我意识在一个人成长过程中有很大的作用。且不说一二岁的孩子，当他能把自己与周围其他人、其他物区分时所表现出的心理上的一个重要发展，就说少年的自我意识发展，对一个人的健康成长就具有较重要的作用。

二、自我意识对青少年健康成长的作用

自我意识水平对青少年健康成长的作用，表现在以下几个方面。

1. 自我评价

自我评价是在自我观察基础上形成的，是指对自己的外貌、体态、个性、行为等方面进行的评价。从小学高年级起，青少年日益重视他人对自己的评价，并逐渐形成自我评价。如"我是否聪明"、"我是好学生，还是中等学生"、"我是否漂亮"等。"人贵有自知之明"，意思是说，一个人能清晰地、正确地认识自己是难能可贵的。正确的自我评价，有利于确立适当的目标，形成适当的自我期待。任何人都有自己的长处和短处，都有自己的优势和劣势，积极发扬长处，补足短处，或回避短处，才能有所成就。有一位外国元首在谈到他的成功时说："个人如果能尽可能地发扬自己的长处，尽可能地克服与回避短处，每一个人都能获得成功。"问题在是否清晰地了解自己的长处，如果体操名将李月久要求自己成为跳高冠军，吴佳妮想成为优秀的摔跤运动员，大家一定会觉得荒唐可笑。但是，一个擅长文科的学生可能因为高考时理科招生人数多、专业选择余地大而勉强学理；一个善于讲述，热爱孩子的学生，由于教师待遇低而不报师范。这样的例子数不胜数。这或者是由于缺乏正确的自我评价，或者是不善于扬长避短。

2. 自我期待

自我期待是在自我知觉、自我评价基础上，对自己未来可能达到目标的一种估计。在一个班级中，同学们的自我期待并不会都相同。有人认为自己可能成为班内学习成绩最好的之一，有人认为自己能混上一张文凭就很不错了。积极的、恰当的自我期待能成为一种动力，促使自己实现目标。例如，考试得了 80 分，这个成绩对认为可以得 100 分的学生来说，觉得自己考坏了，很懊丧；对一个认为自己只能考及格的学生来说，觉得自己成功了，很满足。他们两个谁对呢？问题不在认为自己可得 100 分的好，还是得 60 分的好，而在是否对主客观条件做了恰当的分析。这是说，对考题的难易程度是否估计恰当，对自己知识、技能的掌握程度，智力水平以及努力程度是否估计准确，如果这两种估计都是恰当的、合适的，前者的懊丧会变成吸取教训的动力，从"吃堑"中"长智"；后者的满意会变成积极进取的动力，增强争取更大进步的信心与克服困难的勇气。反之，前者可能一蹶不振，后者则会盲目乐观，最终都导致失败。

3. 自尊、自信

这是在自我评价、自我期待基础上，在实践活动的成功与失败中获得的具有情感性的自我认识。

自己认为自己的人格及社会地位应受到尊敬，相信自身的价值，这是自尊；认为自己具有完成某项任务或达到某种目标的能力与条件，这是自信。如果过低估计自己，自己看不起自己，这是自卑；而过高估计自己，自以为是，这是自负。显而易见，过高或过低估计自己都有碍于自己的成长。

我国诗人李白曾大声疾呼"天生我材必有用"，这是一种自信。鉴于这种自信，他在官场上屡不得志的情况下，发奋写作，给后人留下了大量脍炙人口的诗篇。

自信有利于任务的顺利完成。在有了充分准备的条件下参加考试，自信心强的同学比自信心不足的同学容易取得好成绩。原因就在于自信心可以使焦虑水平维持在中等水平。心理学家研究，高焦虑或低焦虑都不利于思维活动的正常进行，而中等水平的焦虑则能在较长的时间中调动一个人生理与心理的各种潜能。在势均力敌的对阵中竞赛不仅是设备、智慧、体力、技巧之争，还是心理品质的较量。充满信心、不骄不躁，这往往是取得胜利的必要条件。

4. 自我控制

自我控制是依靠意识控制自己的心理与行为，以实现预定目的。自我控制是在目标确定之后，以自我激励、自我暗示、自我要求等手段坚持不懈地努力，以达到目的的心理过程。

"虎头蛇尾"、"三天打鱼，两天晒网"是青少年容易出现的弱点，这正是缺乏自我控制的表现。自我控制能力强者，往往使智力平平者取得成就。因此，学会自我控制，是成功的关键。

心理成长篇

心理是统一的整体

有的青少年朋友会想，什么感觉、知觉、记忆、思维、想象，我怎么觉察不到，或分不出来自己是在感觉呢，还是在思维、记忆；是在认识外界事物呢，还是在进行情感体验……

一、分不清心理活动的原因

是的，我们往往不易觉察到自己的心理活动现象，或分不清自己在进行何种心理活动。其原因有四方面。

1. 神经细胞传递兴奋的速度太快

据神经生理学家测定，人的神经细胞传递兴奋的速度为 4 ~ 120 米/秒。这种速度常常使我们一旦想去观察时，那一瞬间的心理现象已经过去，接踵而来的可能已是别的什么心理现象了。例如，我们的脚被扎了一下，这一痛觉（感觉）不到半秒钟已传到大脑，大脑再通知脚缩回来，并用眼睛去看的时候，也在进行判断：大概是钉子（思维推理），眼睛看到一亮亮的尖尖的东西（知觉），想起过去是见过的（记忆），原来是碎玻璃（思维判断）。与此同时，觉得自己真倒霉（情感不愉快），咬牙坚持去上药，包扎（意志）。这全部过程可能就一两分钟的事。因为这个过程很快，往往很难将其中某一过程单独区分出来。

2. 人的心理活动是完整的、统一的

人的心理过程在可以觉察到的一个时间内常常是几种心理活动同时迅速交替进行，再说这些心理过程又都要受到他心理的制约，也就是说个性心理都会在一定程度上影响心理过程。

例如，"注意"这一心理现象就从来不单独存在，它总是伴随着认识过程、情感过程和意志过程进行。当我们的脚被扎破，头脑通知眼睛去看时，"注意"就伴随感觉和知觉；当大脑去想"这是什么"时，它又伴随思维；当自己觉得倒霉时，它又伴随情感。我们也可能一边看小说、看电视，一边高兴得拍手大笑或伤心落泪。这就是伴随认识过程和情感过程。我们也可能下决心一定要把这 20 个外语单词背下来，这就是用意志过程控制认识过程。

不同的人，即使都在经历这些过程中，表现却不一样。有人脚被扎时，自认倒霉；有人则可能破口大骂；有人则可能眼泪汪汪。即使两个学生都下决心要把 20 个外语单词背下来，一个是一鼓作气大有不背下来誓不罢休之气概；另一个是不紧不慢，细细辨别，读上 5 个，又读 5 个……这些都说明在认识过程、情感过程、意志过程中，都会反映出每个人不同的个性特征，犹如使每个人的心理过程染上了独特的色彩一样。心理的这种整体统一性，使我们很难将某一心理现象分出来。

3. 人们往往只注意到自己心理活动的内容，而不是注意心理活动的形式

在日常生活中，我们听课，就要集中注意去听清并理解教师讲课的内容；我们看书，就要集中注意看清并理解书上表述的内容。我们一般不会去注意自己是在进行知觉、思维、记忆、想象等心理活动的形式。如果我们将注意集中在自己正在进行怎样的心理活动时，就可能听不清或听不懂老师讲的课，看不清或看不懂书上写的内容。

同样，当我们沉浸在幸福之中时，只是对感到幸福的事情加以注意，而不会去对这种情感过程进行分析。这同样影响我们对个别心理活动的觉察。

4. 缺乏心理学知识

由于缺乏心理学知识，我们在认识自己或他人时，往往只能做总体印象的分析，或从外部行为及行为效果对其思想、品德、知识水平技能熟练程度进行分析，不会对心理活动本身进行分析。

二、心理活动的分析

对人的心理活动按心理因素（元素）进行分析，是心理学发展中一个学派的意见。这个学派称作构造主义学派，创始人叫冯特（1832～1920），是德国人。他们受到当时欧洲自然科学飞速发展的影响，想对复杂的心理现象进行细的分析研究，用化学分析的方法来解释各种心理现象，于是提出了感觉、记忆、情感等心理元素。这对后人研究复杂的心理现象无疑是有帮助的。

当然，这一学派的理论有其局限性。譬如，化学元素不论是固体、液体还是气体，它们都是物质，而心理元素则是精神，是脑对客观事物的反映，它是物质的印象，不是物质本身。如果把心理元素也当作化学元素，当然是错误的。

现在，当我们有了一点心理学知识时，就可以对他人或对自己的心理活动进行分析。例如，我们常由于粗心大意而出错，不是漏了标点符号，就是算错了题。如果已经确定，自己对知识和技能本身已掌握，那么必须对自己的心理活动进行分析：审题时是否总是心急，想赶快看完（情感、态度）？有没有觉得这道题不难（定势）？是否容易被题目中的有些内容吸引而忽略了其他重要内容（注意的分配与转移，知觉范围）？……以至在气质、性格上有哪些特点。

只有从心理活动本身进行分析时，才能找出克服粗心大意的具体办法，同样你若要有效地帮助他人学习，也必须分析对方听你的讲解时的感知、思维的过程，分析对方在解题时所需要的知识回忆、提取的过程，解题中的思路。只有这样，才能行之有效。

可见，对人的心理是可以分析的，为了有效的工作学习，也是需要进行分析的。在我们学习了心理学知识后，也就可以对人的统一的和整体的心理活动进行科学的分析了。

环境教育决定心理的发展

教育，在这里主要指学校教育。学校教育本身是社会环境的一个重要组成部分，但教育不同于一般的社会环境。一般的社会环境对人的影响往往是无目的、无计划和无指向的。而学校教育则是教育者根据一定的教育目的，采用一定的教育方法，按照心理发展的规律，有目的、有计划、有步骤地对学生施加影响和引导，使学生不断获得知识，进而促进心理的不断发展。

俗话说"名师出高徒，师高弟子强"。这说明了教育对培养人才的重要性。英国有名望的物理学家汤姆逊 27 岁任英国剑桥大学卡文迪什实验室主任，1906 年获得诺贝尔奖物理奖。他培养出了许多出类拔萃的科学家，其中包括卢瑟福在内，有 9 人获得诺贝尔奖金。卢瑟福继汤姆逊之后领导卡文迪什实验室，也培养了一批科学家，其中 11 人获得诺贝尔奖金。我国的北京大学、清华大学、复旦大学、人民大学等都培养了许多优秀人才。由此可见，教育在心理发展中起主导作用。这个主导作用主要表现在以下几个方面。

一、教育能充分利用遗传素质来发展人的智力和才能

遗传为人的心理发展提供了可能，而教育则使这个可能变为现实。我国速算能手史丰收从小就表现出与众不同的敏捷思维，显示出了速算的才能，经中小学老师的辅导和一些数学家的指导，他终于成为一名数学速算专家。史丰收的遗传素质再好，思维再敏捷，如果没有受到中小学老师的教育和数学家们的指点，他的速算才能也不会得到如此充分的发挥，很可能成为没有多大作为的庸人。相传宋朝有个孩子叫方仲永，他生来就相当聪明，5 岁就能赋诗，而且很有水平，受到人们的赞扬，这说明他的遗传素质优越，早期教育也很好。但是，他的父亲带着他到处宣扬，使他失去接

受良好教育的机会，十二三岁时写的诗就不突出了，20 岁左右就变成了平庸的人。这个例子作为教训一直传到今天。

教育的这种作用还表现在对有缺陷儿童的教育上。有些儿童生来有先天的生理上的不足，有的思维迟钝，甚至呆傻，有的聋哑或失明等。这些儿童在遗传素质上有程度不同的缺陷，但教育可以不同程度地弥补这些生理缺陷。思维迟钝的儿童，有的生活不能自理，需要家长的照料，经过学校弱智班的几年教育，绝大多数逐步能做到生活自理，做家务活，有的还能从事简单的社会生产劳动；聋哑人和盲人经过聋哑学校和盲人学校的教育和训练，一般都能参加力所能及的劳动，不少人还能从事创造性劳动，如海伦盲、聋、哑，可在教师的努力帮助，她终于战胜自己，成为作家。这都体现了教育的作用。

二、学校教育对社会在学生心理发展的影响上具有选择性

社会环境是极其复杂的，它对学生心理的发展有积极的一面，也有消极的一面。当社会环境的影响和学校的教育相一致时，学校就能充分利用社会环境的作用对学生进行教育，使学校教育和社会教育相配合。例如，使学生根据不同的年龄参加相应的社会实践活动，从中受到教育；全社会正在进行法制教育，以整顿社会治安，学校往往借助这个大气候，对学生进行遵纪守法的教育。当社会环境的影响和学校的教育相矛盾时，学校就要采取措施，主要是通过教育使学生明辨是非，抵制不良影响对学生的侵蚀。例如，改革开放以来社会上刮起了一股一切"向钱看"的歪风，在这股风的影响下，有的学生不想念书，想混个毕业证好参加工作；有的甚至弃学业经商或务农等。学校就针对这个不良的影响，通过各种形式教育学生树立远大理想，明确学习目的，端正学习态度，以此来抵制社会的消极影响。

三、学校教育制约着学生心理发展的过程、方向、速度和水平

教育的过程是社会向学生提出的要求逐步内化为学生需要的过程，因此，教育水平直接影响学生心理发展的过程、速度、方向和水平。俗话说，

"强将手下无弱兵"，"只有不会教的老师，没有教不好的学生"，都说明了这个问题。爱因斯坦这位伟大的科学家，他的遗传素质并不优，同普通人一样，从小也没有表现出超众的才能。相反，他3岁时才会说话，念小学时学习成绩差，属于老师讨厌的差等生。中学毕业后第一次考工学院因分数不够没有录取，第二次才考取。他在大学里受到了良好的教育，激发了他学习的兴趣，经过自己的长期努力和奋斗，终于成为世界闻名的科学家。

在讲到教育对心理发展的主导作用时，还应指出，教育不是万能的，并不是说教育可以决定心理发展过程的一切。因为人的心理发展的过程、速度、方向和水平，也就是说，一个人成才的因素是很复杂的，学校教育只能影响具有一般遗传素质的人，严重白痴或呆傻的儿童，教育的力量也难以达到。教育还要受社会环境的制约，在儿童逐渐长大时还要靠他们主观努力。

心理发展的内部动力

相传古时候宋国有个人，嫌苗长得太慢，就一棵棵地往上拔起一点，回家还夸口说："今天我帮助苗生长了!"他儿子听说后，到地里一看，苗都死了。

一、内因是根本

为什么拔苗不能助长呢? 因为麦苗的生长不但需要阳光、水、肥、灭虫害、除草等外部的条件，更重要的是它有自身内在生长发育的规律。正如毛泽东在《矛盾论》一书中指出："唯物辩证法认为外因是变化的条件，内因是变化的根据，外因通过内因起作用。"

生物的生长发育是这样，其他事物的发展也是这样，必须遵循其自身发展的内在规律，否则就会受到"拔苗助长"的惩罚。人的心理发展也要遵循它内在的发展规律。生物遗传素质、社会环境和教育在人的心理发展中各自起着重要的作用，生物遗传素质仅仅是物质基础；社会环境和教育则是心理发展的外部条件，即外因；而人的主观因素则是至关重要的，它是心理发展的内因。这个内因的水平如何，将对心理发展的速度和水平起决定性作用。

许多世界著名的科学家、政治家，凭借主观努力，即内因的作用获得事业的成功，他们一致认为，要获得能力，增长才干，没有主观的勤奋努力是不行的。他们中许多人留下了宝贵的座右铭。

李卜克内西："天才就是勤奋。""没有非常的精力和非常的工作能力便不可能有天才。"

爱迪生："天才的百分之一是灵感，百分之九十九是汗水。"

托尔斯泰："天才的十分之一是灵感，十分之九是血汗。"

爱因斯坦："A（成功）＝X（劳动）＋Y（方法）＋Z（少说废话）。"

柴可夫斯基："即使一个人天分再高，如果他不艰苦操劳，他不仅不会做出伟大的事业，就是平凡的成绩也不可能做到。"

门捷列夫："终生努力，便成天才。"

高尔基："人的天赋就像火花，它既可以熄灭，也可以燃烧起来，而迫使它燃烧成熊熊大火的方法只有一个，就是劳动，再劳动。"

这些精辟的论述阐明了主观因素在人的心理发展中所起的作用。数学家华罗庚在回忆他的生平过程时讲，他在读小学时因成绩不及格没有拿到毕业证，只拿到一张修业证书，在初一时数学经过补考才及格。从初二开始发生了一个根本变化，他认识到既然天资差一些，就应多用一点时间来学习，别人只用一小时，他就用两小时，这样数学成绩有了不断提高，经过自己几十年的艰苦奋斗，终于成为世界闻名的数学家，这就是内因所起的作用。

二、内因与外因的矛盾

什么是心理发展的内因或内部矛盾呢？朱智贤在《儿童心理学》一书中指出，"一般认为：在儿童主体和客观事物相互作用的过程中，社会和教育向儿童提出的要求所引起的新的需要和儿童已有的心理水平或心理状态之间的矛盾，是儿童心理发展的内因或内部矛盾。这个内因或内部矛盾也就是儿童心理不断发展的动力。"简言之，社会和教育向儿童提出的要求所引起的新的需要和他们已有的心理水平之间的矛盾是心理发展的内因或内部矛盾。

1. 新的需要

儿童的学习生活中，由社会和教育向他提出的要求真正地被理解和接受了，他就会在主观上产生一种新的追求和倾向。这种新的需要是以动机、目的、兴趣、理想、信念和世界观的形式表现出来的。例如，品德不良的学生，最初往往不能理解和接受社会、学校和家庭的教育，因此，社会和教育要求也就很难内化为他的需要，这时容易在错误的路上越走越远，甚至犯罪。经过反复耐心的教育，或在犯了严重的错误后受到了惩罚，认识到了发展下去的严重后果，才成为其改正错误的需要。这样就会重新考虑自己的前途，从头做起，加倍地努力学习，产生学习的兴趣和形成学习的动机，其结果是"浪子回头金不换"。

2. 已有的心理水平

指过去认识外界事物的结果，它经常代表着心理活动中旧的、比较稳定的一面。例如，品德不良的学生，在他没有理解并接受社会和教育要求，内化为自己的需要时的心理水平，就是已有的心理水平。

中学生心理与行为的适应

上中学了，他们真高兴。比起其他小学毕业生来，他们是幸运儿——以优异成绩被一所有名气的区重点中学录取了。正如有人说的"上了重点校，进了保险箱，中考、高考不用慌"，他们像吃了定心丸，欣喜之外，倍感踏实。然而，开学还不到一个月，他们中就有人皱起了眉头，期中考试没结束，他们中的大多数人就失去了笑脸。是什么在烦扰着他们？

一、对新环境的适应能力

他们本以为考上中学就可以松口气了，没想到层层隘口挡在面前，要他们去闯；开学前的摸底考试题型新、题量大，许多人"成绩不理想"，"没发挥出原有水平"；一开学，就是七八门功课齐头并进，哪科教师都说自己这门课重要，弄得他们抓了这门丢那门，考完这门温习那门，忙得手足无措，急得抓耳挠腮。更有甚者，上了六年学了，竟还不会听课，更不会记笔记！入学两个多月，期中一考，成绩大不如小学时的好，录取时两科成绩总计 190 分以上，即平均每门 95 分以上，现在平均分只有 80 分左右，有的科目仅仅刚及格。不少学生连连叫苦，"我越来越笨了"，"我越学越糟了"。有的同学从此丧失信心，认为自己不是上中学的材料。

适应能力是人在复杂的新环境中能顺利地生活下来，并得到发展的一种能力。其实，不仅是人要有适应能力，任何动物都要有适应能力，否则就不能生存。据说几百万年前，陆地上生活着一种巨猿，高 3 米，重约 450 千克，现在没有了。现在最大的灵长目动物是猩猩，与人差不多高，重约 180 千克。据说 1.5 亿年前有一种巨型恐龙，肩高 6.3 米，脖子很长，头可以伸向 12 米高的空中，重 80 吨，为现存大象体重的 13 倍，现在没有了。现在我们见到的蜻蜓翼展最大的约 7~8 厘米，但约 3 亿年前，有的蜻蜓身长约半米，翼展为 70 厘米。是不是现代的生物退化了？不是，而是在长期生存竞争中，小而轻的物种比大而重的更能适应外界环境的剧烈变化。

这种剧烈变化包括冰川活动、地壳运动、气候异常造成的自然环境巨大变迁。当然，至今海洋中仍生活着一种长达 27 米，重 130 吨的蓝鲸，它之所以能生存，只是因为海洋中受上述自然环境巨大变迁的影响不大而已。

上面谈到的是动物对自然环境的适应，作为人不仅要适应自然环境，还要适应社会环境。小学到中学的适应，就是对新的社会环境的适应。适应能力强的学生，即使他在小学阶段的成绩不突出，也能因很快熟悉并习惯中学的新的学习生活而进步；适应能力弱的学生，即使原有基础较好，也因不能很快熟悉与习惯新的学习生活而落伍。

二、增强自己的适应能力

那么，小学升初中，应具有哪些适应能力？首先要学会观察、分析。

1. 需要观察分析的内容

小学的主要课程是语文、数学。小学升初中的入学考试也只考这两门。一上初中，主要课程除了语文、数学，又加上了外语、政治、生物、生理卫生等几门。常常是数学课堂练习还未做完，语文教师已进教室；刚刚复习完的汉语拼音，又和新学的外语字母产生混淆。过去写完语文作业，就做数学作业，现在一天五六节课下来，就有四五门作业，要读要背、要写要算……有时竟忙得拿起这门，想起那门。这是一种从内容少、门类少、任务单一到内容多、门类多、任务复杂之间的不适应。这种不适应易使学习活动杂乱、被动。

小学时，班主任几乎都是语文、数学任课教师，有时一位教师同时承担两门课，对教师讲课的方法、风格很好适应；现在七八门课，就由七八位教师承担，每位教师都有其自己讲课的风格和特色，一时难以适应的同学，必然会影响听课效果。

小学的学习内容，主要是要弄清"这是什么"、"这是怎样的"、"怎么做"；中学的课程内容中有不少不仅要弄清"是什么"、"怎么样"、"怎样做"，还要弄清"为什么"、"为什么要这样做"。因此，小学学习时，上课注意听讲时的任务是弄清"是什么"、"怎么样"、"怎么做"；课后主要任务是记忆与练习。中学听课时的主要任务在弄清上述几项内容的同时，必须认真思维，要弄清结论的由来、问题的引出、材料的搜集，以及如何进行推导、如何验证结论等。这样，仅仅会记忆和多练习显然是不够的了。一个不会思维的学生，一个还习惯于努力去记忆的学生，可能因此而落伍、掉队。

小学时，每堂课，每种活动几乎都有教师跟随；上了中学，自习课很可能没有教师，因为班主任还兼着其他班的课。课外活动，包括班会、队会活动、体育活动等，由于要培养学生的独立自主精神，也常常由学生自己组织。教师仅仅是出出主意，帮助想点办法而已。一个听惯教师安排、依赖性强、自觉性差的学生，一个"老猫不在，耗子翻天"的学生可能因此而放松自己，使自己落伍、掉队。

2. 提出适应环境的新问题，自我调整

在观察分析了客观情况之后，还应对自己的主观状况进行观察分析，可以问以下问题：

（1）自己是否会主动安排学习，是否经常在等教师的安排。

（2）自己是否有良好的学习习惯，是否有固定的学习时间（晨读、放学后的作业时间），固定的学习地点及能否独立克服学习中的困难。

（3）自己是否有良好的学习方法：

①课前预习：是否预习，如何预习；

②课堂听课：注意听懂还是注意记忆，能否将重点内容记下来，能否找到重点问题，是否来得及记笔记；

③课后复习：是否复习，如何复习，是背、抄、默，还是比较、归纳、总结；遇到困难或问题立即请他人帮助，还是自己钻研，独立完成，或者经常抄袭；是否像重视完成书面作业一样重视完成口头作业；注重平时学习还是注重临考突击。

（4）是否学会自我评价，还是只依靠教师打分，得了好分或得了坏分情绪是否波动。

在上述对主客观条件分析基础上，必须主动调整自己的行为，努力改变自己不适应中学学习生活的各种影响。

3. 自我调整注意事项

调整自己的行为不是一件容易的事，有两点要请青少年朋友注意：

（1）要弄清自己需要调整哪些行为，如独立安排学习计划、自己管理自己等。

（2）要坚持。调整行为就要破旧立新，这不同于在空地上建新的房屋，而是先要拆除旧的房屋，这个过程难度大、时间长。没有坚持的精神，一遇到困难，又按小学时的习惯去做，当然不能很快成为合格的中学生。

少年期身体的成长变化

从小学四年级起，娜娜就经常和妈妈比个儿。比的结果，总是输给妈妈。从六年级开始，尤其在初一，娜娜开始超过妈妈，现在上初二了，已比妈妈高出四五厘米了。这两年，娜娜怎么长这么快呢？

一、成长周期

有人把人的一生分为三个阶段：生长期、成年期、衰老期。

生长期大约有二十四五年。这又可以分为胎儿期、婴儿期（0～3岁）、幼儿期（3～6、7岁），儿童期（6、7～11、12岁）、少年期（11、12～14、15岁）、青年期（14、15～24、25岁）。其中，有两个时期生长发育得特别迅速，称作生长高峰期。

第一个生长高峰期是胎儿期和婴儿期。从一个只有一个句号1/4大的受精卵，发育成一个约3千克重，50厘米长的成熟胎儿；在婴儿出生后的一年中，体重可达9千克，身高可达75厘米。这就是说，这22个月的时间内，这个小生命迅速生长发育的。

第二个生长高峰是少年期，这是由儿童向成人过渡的时期。这个时期的少年，在身高、体重、胸围、神经系统以及性腺的发育上，都有极为明显的变化。

二、少年时期的身体成长变化

1. 身高（中国汉族学生，1985年调查，取最大均值，单位：厘米）

与童年期每年增高1～4厘米相比，少年期每年增高5～6厘米，有的可达8～9厘米。这确实是生长高峰的一种标志。这个生长高峰，男生大约在12～16岁，女生在9～12岁，平均年增长值为5.72厘米。其中12岁是突增高峰年龄，年增长值为8.38厘米。

青少年的身高反映一个人的生长速度，在一定程度上也反映发育水平。

据中国学生体质健康调查组从16个省、市汉族学生调查所获资料看，1979～1985年间，我国7～18岁城市男生身材平均增高3.13厘米，女生平均增高2.45厘米；农村男生平均增高4.58厘米，女生平均增高3.33厘米。这反映了我国青少年随着生活条件的改善，体质有了明显增强。

人的身高生长顺序，一般是头—上身—下肢。我们可以看到，新生婴儿及幼儿总是头大、上身长、下肢短。7岁以后，下肢长势增快。到第二个生长高峰，身高猛增则主要表现在下肢骨的增长，这成为决定人体高矮的关键因素。17～18岁以后，人的身高增加主要看脊椎骨的增长速度。但是，脊椎骨增长速度是很缓慢的。大约到25岁左右，人的身高就不再增加了。

2. 体重（中国汉族学生，1985年调查，取最大均值，单位：千克）

体重的增加，反映了内脏、肌肉、骨骼发育状况。青春发育期，男生在2～14岁，平均每年增加5.32千克；女生在10～13岁，平均每年增加4.08千克。女生的体重与身高几乎是同时开始猛增的，而男生的体重比身高的增加晚两年，因此，男生中瘦长型的体型较多，长胳膊、长腿，使身体与动作很不协调，显得笨拙。

据上述调查组从16个省、市汉族学生的调查所获资料看，1979～1985年间，我国7～18岁城市男生体重平均增加2.17千克，女生平均增加1.43千克；农村男生平均增加2.98千克，女生平均增加2.33千克。

3. 胸围（中国汉族学生，1985年调查，取最大均值，单位：厘米）

胸围标志着心肺循环系统、呼吸系统以及胸肌、背肌发育状况。

男生从2～14岁，平均每年增长3～4厘米；女生从10～12岁，平均每年增长3～5厘米。从1979～1985年间，我国汉族城市7～18岁男生胸围平均年增加2厘米，女生增加1.31厘米；农村男生增加2.41厘米，女生增加2.28厘米。

4. 肌肉力量

青春期肌肉的发育是随着骨骼增长，从大肌肉群到小肌肉群的顺序发育的。这一时期的少年动作不协调、不准确常与小肌肉群未能充分发育有关。从肌肉力量看，不论是握力、腰腹肌力、下肢爆发力、速度和耐力，男生明显高于女生。脂肪积存情况由于性激素差别和活动量的不同，女生高于男生。不论男生、女生，与童年时期相比，肌肉力量都有较大发展。

5. 脑的发育

脑的发育，在青春期已基本上达到成人水平。

少年脑的发育，不仅指重量与容积已接近成人，还指大脑皮层神经纤维的髓鞘化、增长与分支已接近完成，神经细胞机能也达到完善化和复杂化的水平，兴奋和抑制过程日趋平衡。这表明，青春期的人脑，从形态到结构，已能承担接受大量、复杂、具有一定概括性的信息，具有进行抽象逻辑思维发展的物质基础。当然，青春期的人脑，神经细胞结构与机能与成人相比，尚在发展中，因而表现为兴奋与抑制过程还会出现不平衡的现象，情绪易波动，易疲劳。

6. 性机能

性机能的发育决定于性激素的分泌。性激素是内分泌素中的一种，由性腺分泌。性腺是指男性的睾丸和女性的卵巢。当然，性激素的分泌受下丘脑及脑垂体的控制。

性激素有两个重要作用：

（1）促进生殖器官的发育、成熟，并维持其机能。男性生殖器官包括睾丸、附睾、精囊、前列腺及阴茎。生殖器官发育成熟后，出现遗精现象，并逐渐产生精子。女性生殖器官包括卵巢、输卵管、子宫、阴道。发育成熟后，开始月经来潮和逐渐排卵。

（2）促进第二性征（副性现象）的出现。下丘脑和脑垂体大致按下列年龄，控制不同性别的人性机能的青春发育。

据中国学生体质健康调研结果发现，目前学生青春发育期有不断提前的趋势，突增高峰年龄为 12 岁左右。

娜娜比妈妈高了，只是自己生长发育的一部分。读了上面的内容，娜娜是不是知道，自己的身体还有哪些变化？

我国青少年的生长发育，虽然一直处于加速阶段，但是与近邻日本相比仍有差距。以青春发育突增期的 12 岁和发育基本定型的 22 岁两组身高、体重、胸围三项发育指标与日本同龄人相比，可以清楚地看到这一差距。

看了上述数字，娜娜和你的伙伴们有什么感想？

为了国家和民族的昌盛，青少年朋友们请注意科学饮食，加强体育锻炼。

青少年成人感的产生

每星期一早晨，学校要举行升国旗的庄严仪式。许多中学都要求初一年级的少先队员，戴红领巾，并在国旗缓缓升起时，向国旗行少先队队礼。为此，教导处和少先队大队经常要检查少先队员们是否戴红领巾。可是，国旗刚刚升起，教师喊完"礼毕"，队伍尚未解散，不少学生已经开始解开围在脖子上的红领巾，待走进教室，几乎所有的学生都已摘下了红领巾。

是同学们不热爱红领巾吗？不，你看，许多同学不是正在细心地折叠、小心翼翼地将它塞进塑料口袋吗？事实上，许多高年级同学，甚至上了大学，还珍藏着第一次入队时戴的红领巾。因为他们知道，它是红旗的一角，每当看见它，总能引起对童年生活的美好回忆。

一、我长大了

那么，初一年级的少先队员为什么不愿戴红领巾呢？这主要是因为许多学生一上中学就认为自己已不是小学生、小孩子了，自己已长大，不应再戴上作为小学生、小孩子标记的红领巾。这就是一种"成人感"。

什么叫"成人感"？一个孩子从小一直处于家长或其他成人的照料、帮助、保护之下，已习惯了他人把自己当作孩子，自己也认为自己是孩子。表现为安于受照顾、被帮助。进入青春发育期后，个子一下子长高了，性机能开始发育了。当他们从镜子里看到自己身体长高了，形态有了变化，与周围成人或幼小的孩子相比，感觉到别人变矮了；由于性机能的发育，女孩子出现了月经，男孩子出现了梦遗，伴随着这些生理变化，还出现了一些过去没有体验过的微妙的难以启齿的欲望。这种对自己的外部形态的观察与内部出现变化的体验，综合出一个结论：我不是孩子了，我长大了。这就是"成人感"。

这种成人感，不少学生在小学高年级时已产生。由于在小学这个社会环境，包括小学教师的教育管理方式，课程设置，以及社会对小学生的期望，这种成年感并不十分突出，也没有得到发展。天天戴着红领巾上学，天天放学排队回家，虽然有的同学也有点不高兴，却也没有觉得有什么特别的不愉快。然而，上了中学，多数学生立刻感到：我是中学生，我长大了，不愿别人把自己当小孩子。不愿戴红领巾，正是为了避免别人将自己错当作小学生、小孩子。

二、成人感的心理过度

成人感的产生是一个人从小到大的重要转变，是脱离幼稚，走向成熟的一种标志。一个人只有当感觉到自己长大时，才会体验到自己肩上所担负的社会职责，才会像前辈一样确立符合社会所需要的目的，为社会做贡献。

随着成人感的产生，独立、与成人平等、受到成人尊重的需要也产生了。他们要求受到成人的待遇。这种新的需要与周围人们已习惯了的教育管理方式常常产生矛盾；这种新的需要也与自己已习惯了的生活方式、思维方式、知识经验、体力发展水平产生矛盾。

如小学时，班主任老师几乎每节课都跟着，大大小小的事情只要听老师的就行；上了中学，班主任老师还要教其他班，许多事情老师还特意要同学自己管，要自己管自己就有点不习惯。这说明刚刚告别童年的少年，尽管有了做成人的要求，也有了作为成人的某些条件与体验，却还不是成人，是半儿童半成人，表现为半幼稚半成熟、半依赖半独立。

这就是说，这个时期的个子已像成人，而骨骼、肌肉、神经系统、内脏器官、内分泌的发育都未完成，还不能像成人那样承担生活的重任；虽然有着独立解决问题、处理事情的要求，但由于社会经济地位尚未改变，知识、经验的缺乏，社会视野的狭窄，以及尚未经受困难、挫折的磨炼，致使不少在成人看来比较简单的问题，对于少年仍表现为手足无措，或事与愿违，好心办坏事。

因此所谓半幼稚、半成熟、半依赖、半独立，既指实际上还幼稚，还不成熟，还不能完全独立，还需要成人帮助，也指少年本身在心理上有摆脱成人管教、"束缚"的需要，又有希望获得实际帮助的需要。这就是，想独立，想挣脱成人管束，心理上却难于不依赖人；想像大人那样做事，却难免做出幼稚的事。

这是由儿童向成人过渡的重要时期。许多少年充分利用这一精力充沛，正在积极发展的大好时光，学习书本知识，学习社会，适应不断变化的生活，为一生的事业、成就奠定良好的基础。

三、少年时期惊人的创造力

你们知道北京二中的刘慧军同学吗？尽管学业任务很重，尽管她的父亲重理轻文，每天下午放学后，她总在学校所在胡同内的小书店中，沉浸在神奇浩瀚的历史海洋之中。第一篇《太平天国的故事》完成时，她才初一。以后经一学期的奋斗，又完成了有二三十万字的小说——《汉光武帝》。其他还有《耿弇东征记》《少年皇帝》，都在《儿童文学》上发表过。

刘慧军同学就这样，充分利用少年期尚无沉重的社会与家庭负担，大脑已能承担接受大量复杂信息，进行抽象逻辑思维的大好时机，像蜜蜂一样在知识花丛中采集、吮吸花粉、花蜜。

美国学者莱曼曾研究了几千名科学家、艺术家和文学家的年龄与成就，认为青春期是创造和成长的最佳年龄期；据某心理学工作者统计，从公元600～1960年，共有1243位科学家、发明家，产生1911项科技发明创造，最后得出结论：青春期是创造的黄金时期，是人的一生中精力最旺盛、思想最解放，最能有所发明和创造的时期。

爱迪生16岁发明了电报自动发报机；伽利略17岁发现了钟摆原理；牛顿23岁发现了万有引力定律，并开始从事微积分的创造；瓦特23岁开始研究蒸汽机；海森堡24岁建立了新量子力学；爱因斯坦26岁发表了光电效应……没有少年时期广泛的积累、专注的探索精神，难以在青年时期做出如此重大贡献。

青少年独立意识的觉醒

"不要管着我，不要跟着我，不要每走一步都束缚我，不要照看和不信任我，用襁褓带子捆住我，也不要总是提起我在摇篮里的情景，我已长大成人。我不愿意别人牵着我的手。我面前有一座高山，这是我生活的目的。我看着它，想着它，想攀登它，但是，我想独立攀登到达这个顶峰。我已经上来了，迈出了最初的几步；我攀登得越高，发现在我面前的视野越开阔，我看到的人越多。展现在我面前的广阔无垠的一片令人感到可怕。我需要成年朋友的支持。如果，要我讲这话，我感到羞愧和可怕。我希望，大家认定我是独立地、自力更生地达到顶峰的。"

这是苏联著名教育家瓦·亚·苏霍姆林斯基阐述的青少年的一种心理要求，是否符合你的状况呢？

一、挣脱束缚、求得独立

一方要摆脱成人的管束，一方对独立要求的不理解、不放心，造成了两代人之间的矛盾。这对矛盾有时还发展到十分尖锐的地步：对抗、争吵，甚至想离家出走，想脱离父子关系，想自杀……

青少年为什么会有这种挣脱束缚、求得独立的要求呢？这还是成人感的一种表现。

在世界各种动物中，人的幼年时期是最孱弱的。离开了他人的喂食、保护安全、帮助御寒、清洁身体等的照料，是难以成活的。而且，这种依赖他人生活的时间，在各种动物中也是最长的。因此，依赖成人、在成人保护下生活是孩子成长中的一个特点，依赖性也是孩子的心理特点。

青少年由于在包括身高、体态在内的形体上的变化，也由于内分泌，尤其是性激素作用所产生生理变化的体验，使之觉得自己长大了，不是孩子了。长大了，意味着可以独立了，不必事事依赖成人了。

这种独立性表现在哪里呢？

1. 用自己的头脑进行思考

还记得自己小时候的情况吗？那时头脑中的问题特别多，而且一有问题就想问。从"天上的星星怎么是一闪一闪的"，问到"如果我挖一个很深很深的洞，一直挖到地球的那一面，我们能不能掉到美国去"。现在我们头脑中仍有许多问题。例如"太阳系之外究竟还有什么"、"地球上的石油和煤采完了怎么办"、"在太空实验室中，真菌能否生长"。这些问题有时也问他人，但是，更想借助自己已具有的相当的阅读能力，独立进行探讨与思考。这不能不算一种极大的进步。

用自己的头脑进行思考，即使是思考前人已发现了的结论，仍然是十分可贵的思维品质。其实际意义并不在得出的这一结论，懂得了一个原理，而在于形成一种积极思维的习惯，学会有效思维的技能。这种习惯与技能，无疑对未来的多种工作都是必要的。爱因斯坦说："学习知识要善于思考、思考、再思考，我就是靠这个学习方法成为科学家的。"他还认为，如果一个人掌握了他的学科的基础理论，并且学会了独立思考和工作，他必定会找到自己的道路。毛泽东也提醒大家"凡事应该用脑筋好好想一想"。

可见，用自己的头脑思考，而不以他人的头脑代替自己的头脑，无疑是独立性的一个重要标志。

2. 自己作出评价

童年时代对事物真假、善恶、美丑、好坏的评价，主要是听从成人的意见。看电影，电视、小儿书时，孩子总要问家长："他是好人还是坏人？"家长的答复，便是孩子的评价。"老师说，王红是好学生。""妈妈说我很乖。"成人的评价代替了作为孩子自己的评价。

青少年总想自己做出评价，"唐僧有什么好，一点本事都没有"，"为什么要歌颂小草？它东倒西歪，不能成为栋梁之材。如果希望自己当小草，就太没志气了。"敢于提出自己的看法，敢于有理有据地与他人的观点进行交锋，这是思维的独立性、批判性的一种表现。

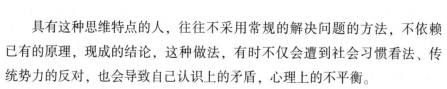

具有这种思维特点的人，往往不采用常规的解决问题的方法，不依赖已有的原理，现成的结论，这种做法，有时不仅会遭到社会习惯看法、传统势力的反对，也会导致自己认识上的矛盾，心理上的不平衡。

科学家特罗特曾说："如果我们老老实实地观察自己，往往会发现：甚至有些新设想被充分提出之前，我们就开始反驳了。"

因此，提出自己的评价，首先要战胜的是自己心理上的障碍——缺乏自信，其次才应具有不怕辱骂、嘲笑，捍卫真理的勇气。这自然也是独立性的重要标志。

3. 自己做出决策

请回想自己小学毕业报考初中填写志愿的情况，无须多说，家长、老师说了算。初中毕业时自己往往已有一定的主见。在《苦恼时……》一文中提到的那位中学生，要报考农校的理由是这样充分，说明了决策前的深思熟虑。1987 年中央电视台春节联欢晚会上《中学生时装表演》中连获"绽蕾"服装设计大奖赛一等、三等、优秀奖的是黄庄职业高中服装设计专业学生薛莉。她在初中毕业时，根据自己从小爱画仕女画，也爱穿漂亮衣裳的特点，暗自决定，报考服装设计专业。

小学时乘车外出，常常要家长带着；春游、秋游，要老师领着。上了中学，尽管教师、家长仍是不放心，总有几个胆大的学生，悄悄商议着，要自己去旅游参观。

独立作出决策是相信自己的力量，心理上断乳的一种表现，就像小鸟的翅膀开始长硬了，要起飞，要自己去觅食了一样。这无疑是迈出了真正独立的重要一步。

4. 独立完成任务

在没有成人帮助下完成任务，特别是完成那种比较复杂、比较困难的任务。如独立完成烧饭菜、洗衣被等家务，拆修自行车、半导体收音机，到外联系工作单位等。

独立完成任务是对一个人实际能力的考验，在这种实践活动中，逐渐积累经验，培养克服困难的毅力。许多成人出自对孩子的爱怜，常常给予较多的帮助，尤其在见到孩子有困难时。其实这会挫伤孩子独立性发展的要求，使之难以摆脱依赖性。

小说《海水下面是泥土》中那位当警察的父亲，为了培养少年时代"我"的意志，在狂风巨浪的恶劣气候条件下，划船出海，还强迫"我"跳下海，游回岸。"我"几次三番被巨浪吞没，喊爸爸，喊救命，却得不到一点帮助。"我"为了求生，不断与死亡搏斗，终于游回了岸，取得了生的权利。从此之后，一遇到生死搏斗，"我"总是想起这一次，坚信自己有能力，战胜敌人，这就是独立克服困难完成任务的作用，这是真正独立的开始。

总之，青少年的独立要求是心理发展的必然趋势，是为做一个独立的社会成员的必要准备。

二、渴望独立与现实依赖的矛盾

青少年的独立性在现实生活中实在是有限的，其原因如下：

（1）青少年在经济上尚未独立，并无经济来源，尚未步入社会，作为独立成员参加各种社会活动。例如，18 岁以下的青少年还没有公民权，没有选举权、被选举权，还必须有法定的保护人。

（2）青少年仍处于长知识、长身体的时期，知识与社会经验不足是青少年的天然弱点。尽管主观上想挣脱成人的束缚，客观上却难以独立承担各种繁重、复杂以及危险的任务。就像《海水下面是泥土》中"我"的这次难忘的生死搏斗，虽是完全依靠自己力量独立斗争的，但他的父亲始终紧跟在后面，并随时准备给予帮助。其实，父亲对风浪的力量，离海岸的距离，以及孩子的体力、游泳技术不会不做估计。没有这种估计，贸然入海，可能导致无可挽回的损失。

因此，那种想摆脱成人的控制，采取不正当手段搞钱、搞物以及瞒着成人，又没有充分准备条件下的所谓"独立行动"，恰恰不是独立性的表现，而是货真价实的幼稚。

青少年认识的片面性

聂卫平13岁时，由九段棋手棍原武雄率领的日本围棋代表团在民族宫与中国队交战。卫平费尽心机，从刘仁同志的秘书——他的一个大棋友那里要到一张"请柬"。于是，他破天荒地连逃了三天学，跑到民族宫去看比赛。第三天，妈妈知道了此事，竟找到民族宫比赛大厅，卫平吓得提着书包躲在厕所里，半天不敢出来。回到家里，母亲勃然大怒，对着卫平挥起了鸡毛掸子。

其实，聂卫平最害怕的并不是鸡毛掸子，而是担心父母将此事告诉陈毅伯伯。作为围棋爱好者的陈毅同志，早就告诫过他："首先是学好功课，然后才是下围棋。"

一、追求独立的困惑

青少年出现"只知其一，不知其二"，"只望东南，忘看西北"，"只见树木，未见森林"，"只思其利，未想其弊"的事情是很多的，也是不足为怪的。

这首先是因为青少年的知识经验不足，往往根据一方面的认识、一方面的因素、一次经验，形成一种看法，决定一种做法，像这样好的一次观看具有国际水平的围棋比赛的机会，小卫平本可以将此事与老师、家长商量，求得一种较好的解决办法，但是，由于他认定老师、家长不会同意，又急于达到目的，就采取背着成人的办法。殊不知，成人是特别需要尊重的。当孩子采取不尊重成人意见的态度去从事某事时，可能导致本可支持的态度变为不支持或坚决反对的态度。

再以离家出走的行为为例，国内外青少年均时有发生，出走的理由：有的认为长大了应自立，想干什么就干什么；有的认为应挣钱养活自己，自己杀出一条路，让家长吃惊；有的因为学习不好，怕老师向家长告状；有的交了异性朋友，想学电影、小说上的情节"私奔"；有的因为家长、老师批评了自己，赌气出走……

不论出自何种原因，有一点是完全相同的：对离家出走后可能产生的严重后果，未能认真思考，他们对复杂的社会生活缺乏认识，对如何寻找正确的人生道路毫无经验。这就是认识的片面性所造成的一种后果。

二、人生观的困惑

现代中学生是生在互联网全球化开放的时代，也是经济生活以及社会观念发生骤变的特殊历史时期。过多的、难辨真伪的信息，因为缺乏有效的引导，必然造成认识上的片面性，产生思想混乱、信仰困惑。

1. 缺乏辩证思维能力，不善于从多种角度进行思考

大家在上述材料的介绍中已不难看出，有时青少年并非未占有足够的材料，只是不善于从多种角度去分析。例如，由于想杀出一条路，想经济自立而离家出走的青少年，可能只有急于要做出成绩，赚到钱的短期打算，并没有对自己今后几十年的发展做过计划与设想；只想到能赚钱及赚钱后的喜悦，不去想可能蚀本、赔钱，以及补救办法。又如，听到揭露政府官员腐败和社会道德堕落的事例，对社会产生片面的、不正确的看法。

辩证思维能力是随着知识的积累与大脑的发育而发展的。据心理学工作者研究，小学阶段的学生，具体思维能力能得到较好发展；小学高年级至初中阶段的学生，抽象形式逻辑思维已得到发展；大约在高中，尤其在高二、高三年级，辩证逻辑思维才有所发展。当然，这对不同的人来说，发展的速度是不同的，但这种发展的顺序却是不可颠倒的。辩证思维能力弱是不成熟，或称作幼稚的一种表现。

2. 自控能力差，易受情感、兴趣的控制

少年时代的聂卫平是"一心只钻名家谱，两耳不闻棋外音"的"小棋迷"。浓厚的兴趣加上客观上难得的机遇，完全可能使一个少年忘乎所以。类似他这种为了观看一场比赛，破天荒地逃学的做法，恐怕在不少少年身上都曾经出现过。这当然不是仅指逃学，而是指出自某种兴趣，去做当时不应做的事。这是因为，兴趣是一种带有积极情绪的认识倾向，也就是说，兴趣本身就具有情感色彩。

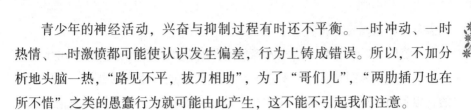

青少年的神经活动，兴奋与抑制过程有时还不平衡。一时冲动、一时热情、一时激愤都可能使认识发生偏差，行为上铸成错误。所以，不加分析地头脑一热，"路见不平，拔刀相助"，为了"哥们儿"，"两肋插刀也在所不惜"之类的愚蠢行为就可能由此产生，这不能不引起我们注意。

当然，事情也有另一面。青少年认识上的不全面，并非都产生消极作用。

还记得安徒生的童话故事《皇帝的新衣》吧！当时，唯一说实话"皇帝什么也没穿"的人，就是一个孩子。成百上千的成人，看着赤身裸体的皇帝，疑虑重重。他们既不敢相信皇帝什么都没穿，又不敢承认自己看到的皇帝，什么衣服都没穿。因为这不仅可能冒犯圣上，又可能被视作愚蠢。于是一个个随声附和地赞不绝口，夸奖衣服之美丽。这可以说这些成人是很有经验，很善于从多种角度进行思考的，但是，他们的的确确输给了一个幼稚、天真的孩子。

3. 多读书学习，克服片面思想

这里借用这个故事，无非要说明青少年貌似不全面的看法，不一定不代表真实，要敢于发表自己的见解。当然，由于前面提到过的弱点，认识上的片面性也难免出现。

克服这种片面性的办法：

（1）加强学习，全面地占有材料，其中必然包括虚心听取成人意见。

（2）在这基础上学会辩证思考，使自己能从多种角度观察、分析同一个问题。

（3）至于克服自控能力方面的锻炼，一般在学会从多种角度思考时，就能使自己头脑冷静下来。只有这样，我们才能提出有说服力的观点。青少年完全可以做到这些。

2008年8月31日《光明日报》登载了河北师院附中学生舒滢的一封信《我们只有一个中国》。信中批评了大人们不负责任、恣意浪费可再生与不可再生的资源，环境污染，气候的异常变化，山西煤矿的矿难等。这些青少年听到这些消息无不焦虑担心，他们疾呼：如此下去，炎黄子孙必将受

到大自然的报复与惩罚。

舒滢同学写得多好，信的内容丝毫没有片面性的痕迹。这是由于她不仅具有强烈的爱国热情，又对占有的大量材料进行透彻的分析。她所看到的、想到的问题，成人难道未看到、未想到？报刊登载了她的来信，正说明了像舒滢同学这样的青少年，完全可以克服认识上的片面性。她能做到，其他同学也是可以做到的。

青少年成长中的友谊

一、友谊的年龄变化

从小到大，我们曾有过许多朋友。

上小学前，街坊邻居、幼儿园中能和自己一起玩的小朋友，就是好朋友；上小学后，同班同学中能和自己一起上学、一起回家、一起完成作业的同学，就是好朋友。这些好朋友不分性别，主要是地理位置接近。男、女孩子可以在一起过家家、打游戏、跳绳、写作业。到了小学高年级，情况有了点变化：一起上学、一起回家、一起完成作业的好朋友，除地理位置接近外，还要是同性，女生找女生，男生找男生。这表明大家已觉察到男女有别。

上了初中，好朋友的条件又有变化，主要条件是有共同兴趣爱好的同性，如同爱一门课程，都爱某种课余活动。此时，地理位置的远近已不影响友谊的建立。初三以后，又在这基础上进一步发展到要求在性格、脾气上的相投，能彼此说点悄悄话的同性。临近高中毕业的学生，越发显得成熟，对于友谊的建立，彼此还在思想、品德、理想、价值观等方面提出要求。这不是指自己在择友之前已有明确的标准，而是在相互接触中，大有"酒逢知己千杯少，话不投机半句多"的感觉。这种感觉决定着彼此联系的密度。这就是说，这时的朋友，除了性格、脾气可能是互补的以外，很多方面都是一致或相似的。所以，人们常讲："朋友就是你自己。"

二、少年的友谊

人不能没有朋友，没有朋友的人是孤独的。作为合群动物的人，不仅要吃饭，穿衣，还要互相交往。从人类种族发展史上看，人与其他猛禽猛兽相比，有许多弱点：没有尖爪利齿，也非力大无比。人能生存下来并获得发展，一靠智慧，二靠群体合作。要合作就要沟通，就要交往，要彼此理解各自的需要与目标。在生产不发达的时代，战胜自然、求得生存需要朋友的帮助；在文明社会，求得生存、获取发展，更离不开朋友的理解与支持。

正值童年向成人过渡的青少年时期，尤其需要朋友。这是因为他们既想摆脱成人的束缚，争取独立，却又尚不完全具备自立的条件。童年时代，自己的高兴事、委屈事，一到家就会喋喋不休地告诉父母，其中多数时候是为了使家长分享自己的快乐，得到夸奖或求援于家长，以求得家长一的抚慰，消除心灵上的不平衡。

告别童年后的青少年，自认为已长大，不愿像孩子那样事事处处依赖成人。随着知识面、交往面的扩大，随着对复杂的社会生活略有所知，随着性意识的萌发，不同于童年时代的那种心理矛盾时有发生。于是，亲密同学、知心朋友就成为自己陈述观点、讨论问题、倾吐内心活动的主要对象。没有陈述、倾诉的对象，即没有朋友的青少年，很容易产生孤僻、乖戾、抑郁、胆怯、多疑、情感不稳定等心理疾病。

什么是友谊？友谊是朋友之间的情谊。它有三个条件：

（1）彼此无利害关系，能无私地给予而不期望回报；

（2）彼此尊重，尊重对方的信仰、个性、习惯；

（3）彼此倾诉内心活动。

友谊可以在同龄人、同性人中建立，也可以在隔代人、异性人之间建立。

青少年的友谊具有纯洁、热情的特征。

青少年之间建立友谊的全部理由大概就是合得来。他们彼此并不对对方父母的职业、经济收入、居住条件、健康状况、脸型身材等加以考虑。好朋友之间真诚相待，共享幸福快乐，互相排忧解难。相聚时感觉到愉悦、

心理成长篇

满足；离别时体验到失落、惆怅。朋友生病缺课，帮助补课、抄笔记；朋友没有带饭，两人合吃一份；有好电影立即想到请好朋友同去；有了心事，不告诉老师、家长、却悄悄告诉了朋友，请他帮助分析解决。青少年时期建立的纯洁的、真诚的友谊，甚至可以保持终身。

三、学习伟大的友谊

马克思与恩格斯的友谊，一个世纪来，一直被人们传为佳话，成为青少年的榜样。马克思写《资本论》时，穷得连稿纸都没钱买，小儿子也因没钱医治而死去。恩格斯为了不使马克思因生活问题而分散研究经济理论的精力，整整20年，一直忍受着令他厌恶的商人生活的痛苦。可以说，他为成就马克思的事业，献出了著书立说的宝贵时间，献出了他的聪颖过人的天资。马克思为此曾对恩格斯说："没有你，我永远不能完成这部著作。坦白地向你说，我的良心经常像梦魇压着一样感到沉重，因为你的卓越才能，主要是为了我才浪费在经商上面，才让它们荒废，而且还要分担我的一切琐碎的忧患。"

有一次，当对手在谈到"马克思—恩格斯"这个称呼时使用单数词时，马克思高兴极了。这说明他们是一体的，他们的友谊的确是纯洁、热情、真诚、坦率的典范。

四、树立正确的友谊观

有的青少年想，自己与好朋友之间也是互相无私帮助，彼此不隐瞒真情，这是不是友谊呢？

某校，一天，班主任很严肃地在班里宣布一条消息：王海因触犯刑律被公安部门拘留了。同学们诧异：他是一个守纪律、重友情的同学，怎么会犯法？

原来，王海和同学关系一直都很好。一次，小学时代的两个老同学找他，说他们搞到一支枪，想在他家里放几天。王海知道藏枪非同小可，但又想到好朋友有所求，自己怎能不帮？！就这样，他成了窝藏枪支犯。

这类蠢事在其他青少年身上也可能出现。例如，好朋友贪玩旷课、考试作弊，甚至偷了他人钱物，既不严肃批评帮助，又不揭发、报告，甚至还帮助他掩盖错误。他们认为批评、揭发会伤害感情，是出卖朋友。这其实不是朋友之间的友谊，而是哥儿们义气。

这说明，朋友之间的亲密应是有原则的，这个原则就是有利于彼此的健康成长，有利于社会的集体事业。凡是违背这个原则的"亲密"、"互助"，就是哥儿们义气、姐儿们和气。青少年由于认识水平还比较低下，或者缺乏理智、感情用事，往往不能区别正确与错误，不能以理智控制情感。

另外，青少年的友谊还有待于时间的考验。有的青少年朋友，要好时吃喝不分，同来同往，甚至住在一起，可是，一有点非原则的小冲突，就反目成仇敌，彼此互不搭理。坚持了多年的亲密友谊，就这样毁于一旦，毁于一件非原则小事的分歧上，无疑是一件憾事。

伟大的科学家爱因斯坦说过："人世间最美的东西，莫过于有几个头脑和心地都很严正的朋友。"青少年朋友应记住这一至理名言，在生活中结识严正的朋友，建立有原则的亲密关系。另外，你不妨认真细致地观察你的好朋友，你将会在好朋友身上看到自己的影子。

青少年的逆反心理

从小到大，谁没有闹过别扭！

小时候，在商店柜台里看到玩具火车，要求爸爸买，爸爸没买，就赖在地上哭着不走；快吃饭了，却想吃巧克力，妈妈没给，就闹着不吃饭；老师越要求大家举手发言，越是故意低着头小声嘟囔，让老师只听见声音找不到人……这类事情多得很。

现在长大了，这类孩子气的别扭不闹了，却不等于不闹别扭了。老师要我们不要说话，好好上课，好，我不说话，看课外书，反正不影响别人；学校不允许我们跳霹雳舞，我们不在学校跳，而在家里跳……

可见，闹别扭就是做出与成人、与社会要求不符的或相反的事。

一、闹别扭的原因

为什么会闹别扭？其心理原因是什么？

1. 不合需要

孩子有多种多样的需要，要吃、要穿、要玩、要成人的爱抚……当自己这些需要得不到满足时，就可能闹情绪，闹别扭。

青少年的需要已有了发展，除了知识经验的积累外，与童年相比，多了一种成人感。有了成人感，就想做成人能做的事，想受到成人的待遇，不愿像孩子一样受人支配、受到限制。有时，并不是认为家长、老师话语内容不对，而是由于他们对自己提出要求时的态度、方法不符合自己的需要，伤害了自尊心。

例如，学校和社会对中学生谈恋爱均持否定态度，有的教师为了使学生专心学习，一旦发现男女生有"亲近"的行为，就要反复强调早恋的危害，三令五申不准谈恋爱。有些中学生本不想谈恋爱，也还不知什么是恋爱。只是在一个班级共同学习生活中，有几个更为合得来的同学，其中可能就有异性。当纯洁的友情被误解为爱情时，他们的自尊心受到了伤害，有的就会干脆任其发展，弄假成真。

2. 认为成人要求不合理

这是青少年与成人认识上的不统一造成的。这种不统一，常是由于两者看问题的角度不同、价值观不同、思维方法不同造成的。

以读书、学习为例。老师强调知识的重要，这是不言而喻的。多数家长也都希望自己的孩子能多学点知识，将来有利于建设国家，也有利于个人发展。但有些学生从现实中发现，从个人收入看，知识多的不如知识少的，学历高的不如学历低的。于是老师、家长越是强调知识的价值，这些学生就越反感，越不想将艰苦劳动耗费在这种没有多大价值的学习上，有的自行决定辍学经商，有的坚决要求退学就业。

其他诸如对爵士乐、霹雳舞、牛仔裤、超短裙之类的看法，也可能不尽相同。

"爵士乐太闹了！"

"不，它表现了竞争时代的高旋律，使人振奋。"

"霹雳舞易伤身体。"

"不，它的难度大，集舞蹈、杂技、体操于一身，太来劲了!"

"牛仔裤影响发育，超短裙有碍风雅。"

"不，这才能勾画出年轻人的优美线条，显示出青春活力。"

这类不同的观点导致青少年对成人要求的抵制反抗。

3. 对成人提出要求的动机产生怀疑

一般来说，成人都是出自善意希望孩子健康成长而提出种种要求或作出种种规定的。由于前面已提出过的"不合需要"，或"认识不一致"的原因，有的青少年会对提出要求者、制订规定者，以及执行者的动机产生怀疑。如认为课堂常规、考勤制度是要卡我们学生；不许留长发，不许穿高跟鞋是扼杀我们爱美之心，于是阳奉阴违，找着机会就钻空子。

4. 出自好奇心

好奇心、求知欲也能产生反抗心理。好奇心、求知欲都是想去认识目前自己尚未了解的事物，好奇心具有某些盲目性，缺乏明确目的；求知欲是比好奇心更深一层的认识事物的内驱力。它们在科学研究、创造发明过程中是十分重要的。被选定为首届全国青少年航天科学实验项目"控制航天飞机舱内垃圾"方案设计者，兰州第十四中学学生王念庆就是好奇心、求知欲很强的一个。

例如，他想知道，眼镜为什么非要架在耳朵上，粘在额头上、眉毛上不行吗？人为什么不能像"阿童木"那样穿上"气垫鞋"？旱冰鞋为什么要四个轮子，两个轮子不是更轻巧，转弯更灵便吗？……"控制航天飞机舱内垃圾"这一题目正是读了美籍华人伍赣考写的《遨游太空七昼夜》一文，得知宇航员正在为不能控制包括自己的排泄物在内的垃圾而苦恼的这一事实而萌发的，他说，"最可怕的是守旧"，"要让思路不受大人束缚"。这就是可贵的好奇心、求知欲。

但是，有些青少年的好奇心、求知欲，不守旧，不受大人束缚，并不表现在科学研究理智的探索上，而是愚昧地猎奇，盲目地探新。社会上批判什么文章，老师家长不让看的手抄本，就千方百计去寻觅，去转抄。成人越想禁止青少年抽烟喝酒，越是想尝尝烟酒是什么滋味。有的青少年出现的一些犯罪行为，也是出自这种好奇。他们认为"禁果分外甜，越禁越想尝"，因此，开放的教育，才是正确引导青少年的最好方法。

二、把好奇心用到正途上

具有反抗心理本身并无所谓好坏，这对已有一定独立性、批判性的青少年来说完全是正常健康发展中的心理现象。问题是反抗、批判、求异的指向性问题。正因为青少年的社会阅历浅，知识还不够丰富，辩证思维未得到充分发展，对问题的分析、辨别还有一定的片面性。因此，仅仅以是否符合自己的需要和已有认识作为正确错误的辨别标准，决定自己的行动以及行动的方式是不够的。如果明知成人要求是正确的，却出自自己不正当的需要，包括虚荣、享乐、发泄而明知故犯，这完全是错误的。有的可能就此走上邪路，做出有害于社会的行为。

因此，作为青少年如何充分利用自己不迷信权威，不墨守成规，初生牛犊不怕虎的心理优势，克服知识经验不足，理论思维能力弱，独立判断力差，情绪容易偏激等心理弱势，就一定得有所作为。首先当然是要学习，要调查研究，要认真思考、克服盲目性。毛泽东、周恩来等老一辈革命家能够找到一条解放全中国的革命道路，是在他们青少年时候就具有了不迷信权威，又善于学习思考的特点。达尔文创"物种起源论"，布鲁诺建"日心说"，李四光大胆反对"中国贫油论"也具有这两个特点。青少年朋友要用知识理论武装自己，克服盲目性，使自己不闹愚蠢的"别扭"。

现代青少年心理特点

一、现代中学生的心理特点

现代中学生，出生在全球化和网络时代，成长在 QQ 聊天和网络游戏时代，所获得的信息和受到的环境诱惑都是空前巨大的。青少年通过对外界的观察和对自身的思考，形成现在中学生的一些心理特点。这些特点集中反映在众多的心理矛盾中。

（1）政治上具有多样性，观点上带有偏激性；

（2）思想上具有进取性，认识上带有片面性；

（3）目标上具有时代性，需求上带有享乐性；

（4）思维上具有求异性，心理上带有逆反性；

（5）意识上具有自主性，处事上带有自私性；

（6）行为上具有独立性，生活上带有依赖性；

（7）性格上具有开放性，意志上带有脆弱性；

（8）交往上具有广泛性，情感上带有冲动性；

（9）眼界上具有全球性，知识上带有趣味性；

（10）信仰上具有怀疑性，追求上带有物质性。

如果再结合心理活动的内容作具体分析，中学生有以下八对矛盾。

1. 盼长大，怕长大

小时候唱"小松树、快长大"时真是希望自己快快长大。现在，每当自己感到处处受大人限制、束缚、管教时，也想赶快长大，只有长大了才能独立。到了初三、高三要选择志愿时，一些同学一想到可能马上要走上社会，一方面是新奇，一方面又有不可名状的惶恐，看到成人有那么多的焦虑与烦恼，想到要向成人羡慕的"无忧无虑"生活告别，真有点怕长大，怕成大人。

2. 想学习、怕学习

长知识、长本领，这是每个青少年的基本需要。他们希望自己成为知识丰富、能力较强的人，因为只有这样，将来才能自立于社会，为社会做出更大贡献。但是，不少青少年真的是怕学习，有的则发展到厌学，认为学习太苦了。沉重的作业负担，频繁的日常测验，紧张的升学考试，剥夺了参加娱乐、体育、课余爱好活动的时间，甚至侵犯了应有的睡眠时间。通俗歌曲《我想唱歌我就唱》受到中学生的欢迎，就是因为唱出了他们要求老师、妈妈理解他们学得太苦了，要求还给他们唱歌时间的心情。据调查，不少重点学校的好学生尚且表示怕学习，只是不能不学，何况是一般学生？

3. 想独立，不会独立

中学生觉得自己长大了，不想依赖成人，却不会独立。独立，首先是经济独立，他们抱怨道："我想利用假期参加劳动挣点钱，哪里找得到？"其次是生活独立，为了让自己有更多的时间学习，不因"杂事"而分心，父母把家务全都包揽了。父母真累，可是没有他们，不少学生真的只能干啃方便面，穿脏袜子了。第三是工作独立，为了学习，现代中学生不愿当干部，当干部要受累，收费时可能还要挨骂。即使少数人当了干部，也是老师叫干什么就干什么，没有老师，多数干部还不会独立开展工作，就别说从未当过干部的学生。

4. 想参与社会活动，拿不出有水平的意见

听到成人的一些议论，看到报刊上的某些报导，不少中学生都很想发表自己的看法，提出自己的见解，但往往是随便说说还行，一旦要拿出有根有据，有观点有事实的意见，像舒滢同学写出《我们只有一个中国》这样有观点有材料的文章谈何容易，这样的学生在中学生中真是凤毛麟角。

5. 想表现自我，缺乏表现能力

看到获科技发明奖、体育运动优秀奖的成功者，以及高考状元、征文秀才、年轻的企业家、开拓者十分羡慕，很希望自己在某一方面也能拿出类似成绩，但是，从头想到脚，竟找不到一处特长，既不甘愿做一个平庸的人，又苦于没有表现自我才华的机会。

6. 对新事物有兴趣又不会辨别

中学生反对保守，不墨守成规。上街一走，同学们在一起一交流信息，

很快能发现社会上出现的新事物，对此饶有兴趣，想探索，想趋近，想尝试。台球桌摆在街上了，电子游戏室开张了，营业性舞厅营业了，图书馆接待读者了……只要自己过去没有接触过的，都想了解、参与，却辨别不出健康与否，正当与否，想尝试又担心。

7. 想广交友，又感社会复杂

爱交往也是青少年的一种特点，通过广交友，可以获得大量信息，困难时可以得到八方支援。但对从报刊、广播中听到的各种欺骗行为感到不安。人家大学生、研究生都还被骗被拐卖，我们中学生更是难辨真假，难识善恶了。

8. 想自己选择生活道路，却只能让生活选择自己

《我的理想》的作文，从小学到中学，已写过无数次，尽管具体的职业理想一变再变却总想当国家的栋梁、社会的中坚，成为开拓者、千里马。但是，命运可能会捉弄自己，中考、高考一锤定音。大概多数中学生还只能由生活来选择自己。这些心理矛盾，常常困扰着中学生，表现为时而热情高涨，时而情绪低落；时而兴高采烈，时而垂头丧气；时而信心百倍，时而心灰意冷。

这些心理矛盾实质上是中学生为了未来，为了适应改革开放的大趋势，要发展，要前进，要实现自身现代化，却又缺乏知识、经验，缺乏自信的一种表现。

二、学会调整自己的心态

知识从学习中来，经验从实践中来，自信从成功中来。为此，若要实现自身价值，以下四个方面应引起中学生的注意：

1. 以学为主，兼学别样

在认真学好各门基础课程的同时，广泛吸收社会信息，学会观察社会。准确地找到自己在社会上的坐标点，使自己在认识与思考问题时，

有一个可靠的参考系。广泛吸收社会信息的基本功是在学校教育中，由教师传授与训练的。为此，学好各门基础课程是广泛吸收社会信息的必要前提。然而，一个囿于课堂书本知识的人，是难以适应信息时代要求的。

2. 学会独立思考

对传统观念及各种新观念，既不盲目崇拜，也不妄加否定，认真通过思考，辨别其积极与消极，合理与不合理，可行与不可行的成分。学会分析自己，认清自己的长处与短处，优势与劣势，从社会需要与自己的特长出发，选择发展方向。这种独立思考的前提有两条：谦虚与自信。

3. 珍惜时间

现代社会时间的价值越来越昂贵，现在流行的口号是"时间就是金钱"。这里的"金钱"是"财富"的代名词。在今天，一切慢慢来，缺乏时间观念的人是难以适应飞速前进的现代社会的。为此，我们必须使自己具有惜时、守时的良好品质。

4. 能力的自我培养

教师不能向学生传授能力，他们传授的是知识与技能。能力只能在自己亲自参加的实践活动中培养、形成、发展。为此，若想使自己具有独立的生活能力，那么，凡是可以自己动手完成的自我服务及家务劳动，请自己动手；若想使自己具有组织管理能力，那么，争取当个小干部，哪怕是一个小组长、一个课代表，在为同学们服务的过程中，锻炼自己的才干；若想使自己具有交往的能力，那么，请勇敢地在班会、团支部会、校会上发表自己的见解，大胆与同学们探讨大家所关心的课题……

总之，一个有抱负的中学生，一个想实现自我价值的现代青年，应着力于自我培养，而不是消极等待。明天是属于实现了自我的年轻一代的！

重视青少年个性的培养和发展

一、中学生的困惑

《北京青年报》《北京晚报》等近年来曾经为中学生开辟过一些专栏，选登了中学生们的不少文章，还举办过一些有意义的专题征文活动。同学们在文中谈到个人的理想、抱负，对社会、家庭、学校存在问题的意见，以及个人在成长中遇到的许许多多欢乐与苦恼的事情等。读来虽不免带着些稚气，但其心皎皎，其意切切，其情真真，甚是动人。这使我们感到，我们的许多教育方式，违反了同学们的心理特点，伤害了同学的情感，压抑了他们的个性，总是迫使他们按照成人画定的道道走，否定了他们的"自我"。从而使他们的个性萎缩、退化，使他们的兴趣、爱好、特长得不到充分发展，显露不出各自的才华。当然，这就势必影响多层次、多维度出人才。听听一些中学生他们苦恼的诉说，很值得我们深思。下面是两位中学生的对话：

甲：现在中学生中出现了一股厌学的浪潮，社会上有些人，甚至有些弃学的少年儿童，读书不多，挣钱不少，这对社会和在校学生产生了很大的影响。难道读书真的无用吗？

乙：是的。现在人们不是常说：大学毕业就失业，竞争激烈，找工作难，找好的工作更难……于是，对前途很困惑。

甲：我总感到，这是市场化的必然现象。人才也需要竞争，是金子总会发光的，我们应该有所作为，为社会贡献点什么，才不虚此一生。

乙：很对。我们应该抓紧时机，充实自我，提高自己的能力，发展自我。可是，我又总感到我们的命运没有操在自己手里，一切在受别人的安排：学习、活动、读书、爱好，甚至连业余时间都被编排得满满的。我们就像个木偶，没有自己的个性，每天两点一线，一举一动都受别人操纵。没有自己的眼睛，没有自己的思维，没有自己的想象，没有自己的交往，甚至没有自己支配行动的自由。这样，我们又怎样去自立，去开拓，去独立思考去创造呢！在我们学校，仿佛只有俯首贴耳、埋头背书者，才是好学生，否则，就会受到批评或歧视。对这种学生生活，我越来越厌烦，在我这个爱学习的学生身上，也开始闻到了"厌学"的气味！

甲：深有同感。我为我们的明天和国家的未来担忧。现在的教育不是面对全员，为多出人才、出各种人才服务，好像是在为"最佳"出路培养人。某些老师和家长寄希望于孩子的，是高考分数，考上名牌大学，他们就大功告成，责任尽到，心安理得了。而我们个性的发展，才能的开发，作为的有无，品德的好坏等，仿佛是无关紧要的。

乙：言之有理。我认为这样培养我们是本末倒置了。师长们天天在号召我们成长，成为有开拓性、创造性的人。可是，实际上却把我们捆得死死的，不给我们发展个性的机会，总让我们按照他们的设想走，这样，只能是千军万马过独木桥，千古一路，千人一面，越学路越窄，越走个性越受到压抑，情绪越低落。

甲：说到这儿，我真想大声疾呼：还我个性。请社会、学校、家长理解我们，让我们学会用自己的头脑思考，用自己的双脚走路，做自己命运的船长吧！

青少年朋友们，你们看到这两位中学生的对话有何感受，引起了你们什么思考？对于他们要求解放个性的呼吁，我们深表同情。这个呼吁值得引起全社会，特别是教育部门和家长们的深思。不要磨掉青少年个性的棱角，使他们成为唯唯诺诺的人。

二、重视个性的发展

什么是个性呢？心理学认为，个性是指一个人稳定的、独特的、整体的精神面貌。一个人的精神面貌是非常复杂的，它既包括一切人所共有的心理特点，如每个人都有认识活动、情感活动和意志活动，都有自己的民族感情、文化传统和风俗习惯等，也包括每个人区别于他人的独特的心理特点，如有人视觉感受性高，有人听觉感受性高；有人形象记忆好，有人抽象记忆好；有人思维深刻灵活，有人思维肤浅呆板；有人富有同情心，乐于助人；有人情感内向，离群索居；有人坚强果断，有人优柔寡断；有人兴趣广泛，有人兴趣狭窄；有人谦虚谨慎，有人骄傲自满；有人勤劳，有人懒惰；有人志存高远，有人胸无大志等等。

所有这些共同的心理特点和独特的心理特点，便组成了每个人总体的精神面貌，也就是个性。共同的心理特点和独特的心理特点是紧密联系在一起的。共同的心理特点总是体现在每一个个体身上，而每个个体独特的心理特点，又是在共同心理特点发展的过程中形成的。人们平时所说的一个人的个性怎样，主要是指个性的独特性一面而言。

由于人的个性独特性不同，俗话说"人心不同，各如其面"，因此，人的个性表现千差万别，这就是个性差异。

青少年朋友们，许多在学业、事业上做出成绩的人，都有一个共同体验，那就是：人要有点精神。这个"精神"就是指个性。人生价值的表现，主要决定于一个人个性精神的表现。个性顽强，对祖国和人民有所贡献，人生就有价值；饱食终日，无所作为，人生的价值就渺小。人生的价值绝不是用金钱可以衡量的，应以对祖国和人民有无贡献为尺度。

要发展个性，在人生道路上实现自我价值，就必须挣脱来自内外部的束缚，摆脱旧我，铸造新我。扬弃自己个性中软弱无能的一面，志存高远，追求真知，在实践中锻炼自己，增长才干。这样，每个人都会在社会生活中，找到实现自己的理想和人生价值的最佳位置。

哥白尼曾讲过一句名言："人生的真正价值在于对真理的追求。"一个人在发展中，要学会自己把住自己命运航船的舵柄，不向任何困难和偏见屈服。大音乐家贝多芬早年失父，17岁丧母，一生坎坷。三十多岁又失去听力。这对一个音乐家来说，无疑是个沉重的打击。但他不消沉，不气馁，直至去世，始终顽强地坚持生活和创作。他曾在给朋友的信中写道："我要扼住命运的咽喉，它妄想使我屈服，这绝对办不到。……生活是这么美好，活他一千辈子吧！"

青少年朋友们，你们生活的时代远非贝多芬时代所可比。今天的时代，是高科技、数字化技术高速发展的时代，是国家经济腾飞的时代，它必然地要求人的个性进一步得到解放、完善、和谐与全面发展，以适应时代的要求。重要的是在实践中锻炼、塑造、完善自己的个性，像贝多芬那样，扼住自己命运的咽喉，不向困难、厄运、偏见屈服，走自己的路，你们都将会成为祖国有用之才。在此，也深切希望社会、学校和家庭，都来重视青少年个性的培养和发展，解除不必要的束缚、禁令、包办和关怀，让他们学会自己走路，自己设计自己，像雏鹰那样，去凌空展翅，锻炼自己的翅膀吧！

 男子汉的气质与性格

一、什么是男子汉？

男子汉是什么样子的？

男子汉应该是有理想、有志向、有进取精神的男子。理想是一个人向往的目标，没有它，一个男子就失去进取的动力，成为男子汉就无从谈起。青少年时期是人一生中最富于想象、充满理想的时期，也是青少年男子炽热追求自己的信仰、事业、以天下为己任的时期。从小就充满抱负的微生物学家巴斯德说："立志是事业的大门，工作是登堂入室的旅程。这旅程的尽头就有个成功在等着，来庆祝你的努力结果……"

事业的大门向着有志向的男子敞开着，要想取得成果，依靠一颗进取的心。累累的成就、硕果则通过学习、工作、辛勤的耕耘播种而获得。

男子汉应该具有适应社会变革、开放、竞争的自理、自立、自强的能力。自己的成绩、事业，要凭借自己的真正能力，经过扎扎实实的钻研苦干而取得。那种依靠父母的地位给自己走后门、捞好处，还自鸣得意的男子，能算男子汉吗？历史已经证明，并将继续证明，没有真才实学，没有奋勇拼搏，没有对人民和社会做贡献的男子，虽是男子，但没有男子汉的气概。

男子汉应该给人什么印象？那种衣着邋遢、头发蓬乱、胡子拉碴的男子，往往会失去男性美的魅力。同样，衣冠楚楚、语言女性化的男子会使女性敬而远之。在男性青少年中，只有符合青少年性格特征，勤学、多知、有能力、有教养、年少方刚、蓬勃向上的形象，才是受欢迎的形象。

男子汉在言行举止上，留给人的印象是自尊、自重、自爱，理解女性、尊重女性、同情爱护老弱病残人的男子。切莫以为狂妄自大、自吹自擂、不求甚解，或一味追求时髦、酗酒吸烟、寻欢作乐、口吐脏字、肆无忌惮的行为就是男子汉的风度。

幽默感是男子学识、涵养和思辨能力在言语中的表现，说起话来富有哲理性、风趣性和艺术性。德国医学家巴拉塞尔士为破除医学上的旧思想，把称作神圣不可侵犯的旧书投到火堆里，说："让错的和假的理论消灭了吧！如果里面有什么真理，当然是不会消灭的。"一席话蕴含着一个道理。

男子汉应该是勤劳、勇敢、坚强的男子。这是男子汉最基本、最重要的性格特征。

勤奋是男子汉的本色。"书山有路勤为径，学海无涯苦作舟。"这句名言表达了自古以来学者勤学苦练的治学精神。化学家门捷列夫说过："天才就是这样，终生努力，便成天才。"勤奋出天才，勤能补拙。这是我们很熟悉的道理。勤奋练就了无数的思想家、科学家、文学家、艺术家和能工巧匠。勤奋是中华民族的优良传统。

"您认为男人最好的品德——刚强"。这是马克思回答他女儿的一句话，是马克思对男子汉的自我表白。他道出了男子汉最重要的勇敢、坚强的品质。男子汉凭借勇敢、坚强，在战场上冲锋陷阵，用自己的鲜血保卫了祖国；凭借着勇敢、坚强，在敌人面前刚强不阿，视死如归，表现男子汉的英雄气概；"在科学的入口处正像在地狱的入口处一样"，凭借勇敢、坚强，步入科学的殿堂。

诺贝尔为了驯服烈性炸药，不断地与死神打交道，在炸药夺去弟弟性命，炸伤了父亲的情况下，仍然毫不屈服，继续进行四百多次试验。在一次猛烈的爆炸中，硝烟弥漫，人们以为诺贝尔死了的时候，他鲜血淋漓地从烟雾中冲了出来，发狂似的高喊着："我成功了！我成功了！"这时，站在人们面前的是一位勇敢、坚强的男子汉。

维萨里不顾教会反对和迫害，从事尸体解剖，用实验否定了上帝造人说。布鲁诺为维护"日心说"在熊熊的烈火中为真理而献身。日常生活中，有众多的男子汉舍身忘我，扶弱抗强，谱写了一首首动人的诗篇。还有更多的男子汉，在平凡的学习、工作岗位上，勇敢、坚强地与旧势力、旧习惯做不懈的斗争，拨开了层层阴霾……

二、男子汉的性格

男子汉还应该有什么性格呢？男子汉应该襟怀坦白、光明磊落、恭谨谦让、热情开朗、宽宏大量、独立思考、坚毅果敢、待人诚恳、忠诚可靠、尊重他人、信任他人……男子汉要发扬和培养这些性格。

作为男子汉，也要避免和克服一些不良性格。如：自我中心、冷酷无情、多嘴多舌、吹毛求疵、贪得无厌、装腔作势、虚情假意、矫揉造作、谨小慎微、猜疑报复等。

青少年性格的成长

一、性格的内向与外向

伴随着中学生精神世界的不断充实，有的学生常常会产生一种不可言状的孤独感。一个中学生写道："最使我苦恼的是，周围的人仅仅看到我的表面上的一些表现，他们冷淡我，不理解我。我多么希望人与人之间的友好交往啊，他们为什么这样对待我呢?"这个同学希望人与人之间友好往来，交流思想情感，却因为不能实现这个良好的愿望而感到孤独。这是为什么呢?

心理学研究表明，由于遗传、环境和心理等多种因素的影响，使人的性格各不相同。按个体心理活动倾向于外部或倾向于内部来划分，有内向型和外向型两类性格。外向型性格的人一般表现为活泼、开朗、热情，善于交往，就像一团火；内向型性格的人则相反，一般表现为内心活动很丰富、好幻想、沉默、较孤僻，不善于交际。前边那位中学生的独白就是一例。虽然他内心热爱生活、渴望友谊，却因性格内向不易被人理解，就像暖水瓶一样，里面虽热，外面给人冷冰冰的感觉，因此得不到真正理解而感到孤独。

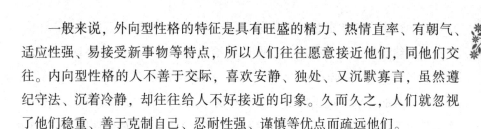

一般来说，外向型性格的特征是具有旺盛的精力、热情直率、有朝气、适应性强、易接受新事物等特点，所以人们往往愿意接近他们，同他们交往。内向型性格的人不善于交际，喜欢安静、独处、又沉默寡言，虽然遵纪守法、沉着冷静，却往往给人不好接近的印象。久而久之，人们就忽视了他们稳重、善于克制自己、忍耐性强、谨慎等优点而疏远他们。

二、如何调节内向性格

性格内向的人要想摆脱孤独，这就需要进行心理调节。怎样进行心理调节呢？

1. 建立自强不息的信心

自卑往往是形成内向性格的重要心理因素。一个有自卑感的人，往往看不到自己的长处，更不能发现自己的真正价值，严重影响自己聪明才能的发挥。树立自强不息的信心，首先要克服自卑感，不迷信他人，不迷信天才，要相信自己的力量。一些杰出的人物也有喜怒哀乐，他们与一般人不同的是，在自信心似乎要丢失的时候，能紧紧地抓住它。高尔基说："你们应该培养对自己，对自己的力量的信心；而这种信心是靠克服障碍、培养意志和'锻炼'意志而获得的。"立志成才的青少年朋友，愿你不断增强信心！

2. 广交朋友，经常参加集体活动，交往时，应主动热情，克服羞怯心理

性格内向的人，应当选择性格乐观开朗、豁达中肯的人为知心朋友，这样通过性格的互补作用有助于内向型性格的改变。初次与人交谈不要胆怯，可以与对方的目光坦然接触，应寻求共同感兴趣的话题作为开端，随着交往的增多和加深，逐渐提高自己交往的能力。随着交往范围的扩大，时间长了，你会体验到与人交流、关注外界的乐趣。这样你的性格自然而然地就会发生变化。

3. 转移情绪，抛弃孤独和寂寞

首先要指出的是，世界上因性格内向而苦恼的人不少。他们都希望改

变自己的性格，却常常苦于无从做起。当你感到孤独时，不妨采取以下办法进行情绪转移：①广交朋友，友谊将给你带来欢乐；②内心郁闷不快，可以找知己谈一谈，以得到开导、启发，使郁闷的情绪得到释放；③寻求帮助，正常的寻求帮助不同于完全依赖别人，俗话说"一个好汉三个帮"，生活学习上的互相帮助，工作上的互相支持，往往可以帮你摆脱暂时的困境；④可以出去走走，散散心，实现情绪转移。

4. 热爱生活，培养广泛的兴趣

首先要以乐观的态度对待生活，对待未来和前途。正确对待前进道路上遇到的困难或发生的不幸。要有接受批评的雅量，更应有自嘲的勇气，待人热情些。心胸开阔些，对别人言谈举止的失当，应持谅解、宽容的态度。其次是培养广泛的兴趣。一个性格内向的人往往注意内心活动，对外部世界的人和事注意不够，广泛的兴趣正是培养你对外界的注意和关心，对外界的事情注意多了，性格会在这种注意力转移中发生变化。参加各种集体活动，丰富业余生活。这样你完全可以变得开朗而豁达。

人的内向性格形成之后，要改变它是需要一个过程的，只要积极努力，持之以恒，就会见到效果。

三、培养健全的性格

性格外向的优点突出，但缺点和不足也需要注意改正：比如外向型性格的人，精力旺盛但往往缺乏自制，易冲动，精力易分散，常犯肤浅的毛病；善交际，但情感体验不深，易草率从事，也需要加强性格修养，进行心理调节。

人的性格多种多样。大多数人的性格并不能简单地以内向外向来划分，有的人偏内向、有的人偏外向。偏内向的人，具有内向型性格的某些特征，自卑感虽然没有内向型的人那样强，但性格特点也会影响自己的工作和学习；偏外向的人，虽然精力旺盛，热情，但突然爆发的冲动，也会使他们铸成大错。

综上所述，无论哪种类型的性格，都有各自的长处和短处，都需要进行心理调节，培养健全的性格。健全的性格主要包括以下几方面内容：

（1）健全的态度。即爱祖国、爱人民，热情，正直，大公无私，助人为乐，热爱劳动，善与人同。

（2）健全的意志。目的性强，办事果断，意志坚定，严于律己，善于自控。

（3）健全的情绪。乐观、豁达、振奋、稳定。

（4）健全的理智。精细、严谨、主动、深入。

青少年朋友，努力地去按照健全的性格指标完善自己的性格吧！只有这样，才能去更好地学习和工作，使自己成为对国家、对人民有所作为的人。

青少年的自主思考与从众心理

一、克服从众心理

有一次，一位心理学家在街上走着，看到一个人跑了起来，又一个人跑了起来，后来一大群人都跑了起来。当心理学家问到跑得最慢的一个胖胖的妇女"为什么跑"时，她回答说："你看别人都在跑，可能发生了什么事，你就跑吧！"事后，这位心理学家了解到，第一、第二个人是因约会晚了才跑起来，而后边跟着跑的人，本来都没有那么紧张，不用跑，但是他们放弃了自己思想和行为，而跟着别人行动起来了。

这个现象引起了心理学家的兴趣，便对这类现象进行了许多研究。心理学家指出，当一个人和其他人在一起的时候，多数人在意见和行为上的一致造成了一种巨大的心理压力，迫使个人放弃自己与多数人不同的意见和行为，而做出与多数人一致的行为。这种现象叫从众，也就是我们日常生活中所说的随大流。

人们为什么会从众呢？主要有两方面的原因：①生活的经验使人们形成了一种基本的信念，那就是多数人的看法可能是对的，因此来自多数人的信息，使个人对自己获得的信息和所做判断的正确性产生了怀疑。②在群体中谁也不愿意个别另类，与众不同，不愿意做"越轨者"。

这样当自己与多数人意见或行为不一致时就会感到不安，虽然没有人强迫，但还是会情愿放弃自己的意见取得和多数人的一致。这种经验我们人人都有。比如，每到夏天来临，班上总有几个女同学商量着同一天穿裙子，然后其他女同学都穿起来。为什么要几个人一起穿呢，因为班上还没有人穿。如果班上所有女同学都还没穿裙子，只有自己一个人穿就会感到局促不安。有的女同学上午穿了，中午回家就换上了裤子。你问她为什么，她会说："班上女同学谁都没穿，我一人穿，怪难受的。"

从众行为在日常生活中处处可见，入乡随俗，亦步亦趋，赶时髦等都是。

二、自主意识

当然，我们也看到相反的情况，就是不随大流，不从众，在潮流面前坚持自己的行为方式，在众口一声中敢于发表不同的意见。这在心理学上叫自主。

1. 培养自主意识

古今中外，成功者都是自主的人，都是敢于坚持真理，敢于抗拒潮流的人。他们相信自己从实践中获得的真理，对自己的行动负全部的责任。他们在变化多端的环境中，在众说纷纭的情况下，坚持自己选择的自由，把握自己的命运。而那些随大流的人大半是缺乏责任感的，他们懒于思考，也无力自制，好像木偶一样，把自己行动的自由交给了别人，任自己的生命像一片落叶，随波逐流。因此，他们在生活和事业上都只能是失败者。

要想做到自主，不随大流是很不容易的。一方面，标新立异，与众不同往往遭到嘲笑和攻击。有这样一位少年，他本是一个好学上进、生活朴素的人，初中三年级他随父母迁居到一个新的学校，班上只有 11 个男生，个个长发齐脖，口打哨，手拨响，觉得洒脱、威风。刚来时他也看不惯，但禁不住"男子汉"们的群体压力，他也入乡随俗了。父母批评他，他说："我只有这样，否则，没人理我，还会欺负我，我很孤立。但我还会好好学习的。"但是，他最后的精神防线还是崩溃了，成绩急剧下降，最后竟降级了。

另一方面，年轻的人活泼好动，有强烈的被同伴接受、得到赞许的需要。一旦脱离群体就会感到孤独，因为怕被"淘汰出局"，所以盲目追求"领导新潮流"。年轻人喜欢交往，一切社会性的、生动的、新颖的东西都会产生巨大的吸引力。再加上青少年喜欢模仿，所以就更容易产生从众心理。青少年对新奇事物的敏感，使得他们在服装、发式，行为方式上竞相模仿，追时髦。

从小学到中学，从中学到大学，随着环境的变化，周围伙伴的不断更新，生活范围的扩大，时髦的事物不断地拥进自己的生活，这就对我们自主能力提出了严峻挑战。比如，街上流行霹雳舞、紧身衣，周围的同学不少人跳起来了，穿上了，你怎么办？班上不少男生已经学会了抽烟，女同学开始描眉，追星，扎耳朵眼儿，你怎么办？严酷的现实摆在我们面前要求回答，无法逃避。这就要求我们有自主性，克服从众倾向，避免盲目地随大流。这首先要明辨是非，然后是要有勇气坚持自己的正确选择。不管时髦的事情有多少人去做，只要是不符合社会发展方向的，不利于个人进步的，哪怕只剩下自己一个人，也不要怕孤立。

2. 自主不等于对着干

在这里要指出的一点，是自主绝对不是处处与多数人相反。什么事，不论是非，不管三七二十一，只要多数人赞成的我就反对，只要多数人反对的，我就坚持。大家干什么，我就偏不干什么，大家不干什么，我就偏干什么。这种做法看上去与从众完全不同，但实质上也是一种不理智的行为，它往往是意气用事。在心理学上叫反从众，是一种不健康的心理状态。

自主在意见和行为上可能表现为与多数人不同，但也可能表现为与多数人一致。当个人判断多数人的意见正确，自己也采这种意见或行为，也决定去做，这都不是随大流，而是自主。经过思考，觉得符合自己的需要，符合自己的追求，符合自己的价值观和特点，于是自己也加入进去，这不是赶时髦、随大流。

学会自主，培养自制能力是很重要的，因为这样我们才能很好地支配自己的思想、天资、能力、行为，才能坐在自己生活航船驾驶员的位置上，乘风破浪驶向伟大的目标。

过好青春成长期

1988 年在某市少年宫举办的中学生心理咨询活动中，一个中学生提出这样一个问题："现在，我不愿意早回家。一回去，不是听家长的唠叨，就是吵嘴……"

不少同学恐怕还记得在幼儿园的生活，快到放学时，总是急切地盼爸爸妈妈快来接自己。现在长大了，上中学了，为什么不愿意早回家呢？

有个中学生回忆说："小时候，无论什么事情，都能直截了当地向父母表明自己的意见，给我的印象，父母简直就像博士、教授一样，什么问题都能解决，还能讲出许多深奥难懂的道理。无论有什么烦恼，遇到什么困难，都能得到父母的帮助。现在父母变了，他们根本不理解我。"究竟谁变了呢？

心理学研究表明，人的心理发展可分为八个不同的时期：

①乳儿期：（0～1 岁）；

②婴儿期：（1～3 岁）；

③幼儿期：（3～6、7 岁）；

④童年期：（6、7～11、12 岁）；

⑤少年期：（11、12～14、15 岁）；

⑥青年期：（14、15～25 岁左右）；

⑦成年期：（25～65 岁）；

⑧老年期：（65 岁以后）。

青少年时期是人的心理发展过程中的一个很重要的转变时期，是童年向青年的过渡阶段。这里包括两个心理发展阶段：①少年期（相当初中阶段）；②青年初期（相当高中阶段）。在这一关键时期，青少年处在长身体、长知识、长智慧、立志向，并初步形成人生观和世界观的时期。这个时期心理的主要特点是半幼稚和半成熟、独立性和依赖性、自觉性和冲动性相互交错的过渡时期。

从出生到少年期这个阶段，是不自觉地和被动地接受教育的时期。这时儿童生活范围极小，客观世界是个模糊的概念。对人对自己对一切事物的认识和评价，多是重复父母的评论，也可以说是通过成人的眼睛去看客观世界的。在这个时期家长的教育不管正确与否都能虚心接受，而且确信无疑。就是上小学后，也能把老师的话当作真理，奉为"圣旨"。随着年龄的增长，青少年的生理如身高、体重等发生了急剧的变化。生理的变化影响着心理变化，自我意识增强，开始把自己看作成人了。随着社会活动范围的扩大，占据自己心房的不再仅仅是父母，而更多的是伙伴、朋友、集体和社会上许许多多的事情。这个时候，开始用自己的眼睛观察世界，不再简单地遵从父母的权威，产生了自主自立的愿望，总想摆脱成人的约束独立行事。因而常常不满意父母的细心叮咛和无微不至的关怀，最怕别人把他们看成是小孩子。为了表现自己是大人了，有时候做些冒险的事情。心理学家称这个时期是"心理断乳期"，即"青春断乳期"。

为什么叫"断乳期"呢？因为心理断乳与婴儿生理性断乳相似。进入这个时期，一方面意味着青少年长大了；另一方面也意味着青少年在很多方面还不适应，是个走向独立的过渡时期，仍需要成年人的教育和扶持。

在这个时期的青少年由于自我意识的发展，往往主观上认为自己是大人了，但实际上知识贫乏，经验不足，考虑问题不周密，行动上盲目性很大，仍带有孩童时期的幼稚。这就形成了这个时期心理发展上的突出特点——半幼稚、半成熟、独立性和依赖性交织在一起。心理发展的另一个特点是具有自觉性和冲动性。这个时期的青少年开始对人的内部世界和内心品质产生兴趣，希望了解别人和自己的个性特点，自觉地关心自己的发展、自己的作用，并进行自我评价，但往往过高地估计自己的能力，表现在确立目标时，好高骛远、脱离实际。虽然能主动自觉地参加各种活动，完成不用更多监督的任务，但容易感情用事，易走极端。对老师家长的要求合乎自己意愿的就听，不合心意的就盲目拒绝或顶撞。不善于控制自己的情感，易冲动，甚至铤而走险，不顾后果。对勇敢与鲁莽、民主与法制、友谊与义气等缺乏正确的理解，往往重感情、讲义气。此时，如果得不到正确的教育引导，会出现不良的品德，或走向犯罪道路。据统计近年来青少年犯罪行为有增无减，而且年龄趋向低龄化。有关部门对100名初犯违法行为青少年所作的调查统计，其年龄情形如下表：

年 龄	10	11	12	13	14	15	16	17	18
人 数	3	10	12	18	28	21	4	3	1
占百分比	3%	10%	12%	18%	28%	21%	4%	3%	1%

由此可见，11～16岁是一个"危险"时期。如何顺利地度过"青春断乳期"，对每个青少年是个严峻的考验，关键是要做自己命运的船长。

年轻的朋友们，人生的道路是漫长的，在这万里航程中，关键的地方只有几步，这几步走好了，人的一生是顺利的，一步走错了，追悔莫及，真可谓"一失足成千古恨"。"青春断乳期"就是这关键几步中的一步，走好了将为一生打下良好的基础。有人说，人生犹如长江，只有志在大海，才能冲破艰难险阻，走过礁石浅滩，虽然几经曲折，却能一直向前。

怎样做自己命运的船长呢?

（1）要有一个明确的目标，也就是树立远大的理想。青少年时期是从童年走向独立的人生道路的转折期。许多人的切身经历都启示我们，少年立志是终生奋斗不息的动力。马克思中学毕业谈抱负，我们的幸福属于千百万人；毛泽东17岁写《言志》，以天下兴亡为己任；周恩来中学时代为中华崛起而勤奋学习；詹天佑少年立志为祖国做贡献。

（2）要好好学习。无论将来从事什么样的宏伟事业，无论你在什么样的工作岗位，都离不开科学知识。趁你还年轻，要广猎知识，博览群书。陶渊明曾为一少年题词："勤学如春起之苗，不见其增，日有所长；辍学如磨刀之石，不见其损，日有所亏。"只有掌握了科学知识，才能正确分析问题，理智地把握住航向。

（3）要学会心理调节。正确认识自身生理心理的变化、掌握身心变化的个性特点，学会自我调节，培养自我控制能力。正确处理好各种人际关系，包括自己同家长的关系、师生关系和同学之间的关系。

（4）要加强法制观念。学好法律常识，不要让自己越规。千万别像许多少年犯那样，等被推向被告席时，才知道自己犯了法。

学会战胜自我

俗话说："人贵有自知之明。"所谓战胜自我，就是要战胜自己身上的缺点和弱点，达到扬己之长，克己之短，补己之缺的目的。

一、建立自我意识

1. 明确自我意识

心理学认为，要战胜自我，必须具有明确的自我意识。

自我意识，就是人对自己的状况和行为的认识和评价。比如自己的理想、愿望、兴趣爱好、知识能力的现状；长处和短处、优点和缺点；气质、性格以及品德、作风的表现等。自己要对自己有真实的了解，这样才能随时调节自己的思想和行为，培养自己的品德和作风，锻炼自己的意志和性格，增长自己的知识和才干，克服自己的缺点和弱点，使自己的个性不断完善和发展，以更好地适应周围环境的变化和社会的需要。

2. 建立良好的自我意识

良好的自我意识是健康个性的重要标志之一。

现在有些青少年，往往取得一点成绩就盲目自满，目空一切；受到一点挫折，就灰心丧气，怨天尤人。这都说明他们缺乏正确的自我意识，不能客观、公正地评价自己和别人。一个有作为，有进取心的人，应该不断通过反省，检查自己的不足，勇于改正自己的缺点，这样才会有长足的进步。大家都知道，中国唐代有个负有盛名的现实主义大诗人白居易，据说他自幼就很聪明，五六岁时学写诗，九岁就懂声韵。他读书勤奋，敏而好学，读书至"口舌成疮"，写诗到"手肘成胝"，青年时便声名大振。但他从不自满，创作态度十分认真。他每作一首诗，都要反复修改，有些诗稿竟然被他改得面目全非，真可以说是千锤百炼。他不但自己改，还常请别人帮助改，以求精益求精，提高诗的质量。宋人曾记载过他这样一个小故事：白居易每作一首诗，必先读给一位老婆婆听，读完便问："听懂了吗?"待老婆婆说："懂得。"方才抄在本子上。若说："不懂。"就要进行修改，直至满意为止。这个故事说明，白居易虽然是个有名的大诗人，但他从不自负，不耻下问，以求得诗意明白，通俗晓畅，可称得上是中国文学史上严于解析自己的典范。

3. 正确认识自我

战胜自我不仅要严于律己，还必须如实评价自己。

自我评价过高，就会主观武断、骄傲自满；自我评价过低，则会软弱、自卑，缺乏独创精神。俗话说，"满招损，谦受益"。当然，战胜自我，绝不是要大家都去做谦谦君子，明哲保身，息事宁人。相反，战胜自我，正是为了更好地发展自我、完善自我和实现自我，成为一个有作为，有开创精神的人。

二、战胜自我，完善自我

在现实生活中，怎样才能战胜自我，以求得完善和发展自我呢?

1. 树立理想和目标

首先，要给自己树立一个做社会主义新人的目标，作为发展自我的志向和衡量自我的尺度。社会主义精神文明建设，要求培养出一代新人，以适应社会主义现代化建设的需要。这种新人应具有健康的个性品质，如具有远大的理想、高尚的品德、进取的热情、无私的奉献和为人民献身的精神等。这样才能遇挫不灰心，遇难不回头，在自己的学习和工作岗位上取得成绩，做出贡献。

2. 要相信自我存在的价值

就是说,要在学习、工作中,不断通过自身的否定去发现新我。要相信自己内在的潜力和自身存在的价值。"天生斯人必有用。"人总是以自己的理想来改造自己。在实践中不断地扬弃自己的缺点,弥补自己的不足,努力去实现自己的理想,更新自己的形象。为此,人就会不断地增强对自我认识的透明度,挖掘自身的内在潜力,不断地引起旧我和新我、现实的我和未来的我的冲突、斗争和分裂,从而爆发出极大的推动力,去促使自我的发展,实现自我存在的价值。

3. 只有否定旧我,完善新我,才能实现和发展自我

所谓自我实现,就是自身价值的实现。它不是闭门思过、修身养性所能完成的,而是在实践中,通过追求真知,更新意识,锻炼才干,不断提高自身素质的过程中实现的。因为人只有在实践中才能认识自然、社会和人生的关系,从而找到自己在社会中的适合位置,并在这一位置上,认识自己的力量和价值,努力实现对自身的塑造。人也只有在实践中,才能充分暴露自身的缺点和不足,增强自我完善的必要性和自觉性的认识。

人们在实践中,难免要碰壁,经受痛苦的折磨,领会到成功的路不是笔直的滋味。这时,只有这时,你才认识到"奋斗和艰苦"、"成功和失败"、"痛苦和幸福"是三对孪生子。不经过艰苦的奋斗,不经受失败的考验,不经历痛苦的磨练,是难以步入成功和幸福的境地的。成功之路有坦途,更有崎岖。坦途是前人开拓的,是有限的,坦途的延伸,要靠后人继续开拓,每个想取得进展的人,都应为此付出艰辛的劳动。

因此,要战胜自我,就必须理解这一代人肩负的重任。没有自我责任感,也就失去了完善自我、超越自我的精神支柱和力量。只有在自觉的奋进中,才能不断地在改造客观世界中改造主观世界,并通过主观世界的改造,不断地完善、发展、超越和战胜自我。

心理健康篇

克服异常心理

一、异常心理的类别

分类的主要作用或优点是便于交流。把对象归于某一类诊断名称，实际上只用了一个词，但却传递了大量关于某人行为的一般信息，于是研究者、治疗者和其他人便可就心理病理学原理和具体病案进行讨论。另一个优点是，施治者可依据相应类别求治者的特征，对有关人的症状做出合理的预测，并依此安排和进行最合适的治疗。

分类的弊端也与其优点同时产生，给某人定一病名也就可能使其遵从他认为施治者预期他会有的行为方式，于是有加强病症的可能；同时也可能使求治者疏忽病名之外的其他重要方面。所以，一些临床心理学家已不强调诊断分类，主要着眼于改变行为。

分类实际是根据相似行为症状把人群分组；诊断则是决定如何把个体加以归类的程序。于是分类便成为诊断的前提。最常见的大类划分为神经症、心身疾病、人格障碍及精神病。但为考虑本书所关注的问题，我们仅对一些亚类进行讨论。

（1）神经症。也称神经病。但这种"病"并未达到住院治疗的地步，只是有病的症状，尚未成为病，所以称神经症更为妥当。神经症在症状上与神经系统毫无直接联系，实际上是一种轻微的心理异常。这类心理异常常因挫折与冲突长期得不到解决，而产生一种持久性的精神紧张与焦虑，以致给生活带来一定的影响。常见的有焦虑反应、恐惧症、神经衰弱症、疑病症、癔病症、抑郁症等。

（2）心理过程障碍。在心理过程中，即认知、情感和意志活动过程中发生的心理困扰。如感知障碍、注意障碍、记忆障碍、思维障碍、情感障碍和意志障碍以及综合性的意识障碍和智力障碍。

（3）人格障碍。人格障碍的最主要特征是有一种引起不适应行为的显性人格品质，这种不适应是从社会的角度看的，他自己很少或根本不为自己感到焦虑。他不像一般心理障碍者那样明显地感觉到自己的毛病，也不像精神病人那样否认自己不正常，只是对自己不能做出正确的评价，但对现实并没有明显的歪曲，这类障碍主要表现为人格形式障碍、人格特质障碍和反社会型人格障碍。我们也可以从主动的—被动的、与别人相关的—与别人疏远的两个维度加以认识。

（4）性行为异常。性冲动障碍和性对象的歪曲是性行为异常。它有如下情况：

①功能障碍。性冲动障碍和性对象的歪曲是为性行为异常，如阳痿、阴冷。

②对象歪曲。即不以异性成年人为性活动对象，如同性恋、恋童癖、恋物癖、兽奸。

③活动歪曲。即不以正常的性活动来满足性欲，如露阴癖、窥阴癖、异装癖、口交、施虐淫、受虐淫、尸奸。

④反社会。即以违反社会法律和道德的行径来获得性满足，如强奸、乱伦等。

（5）精神病。一般认为正常心理、神经症或心理障碍与精神病三者之间是继续的或连续的，但在行为特征或症状上却是递增的。精神病患者的人格较之于神经症或心理障碍者更为紊乱，更少系统性，他们不能区分现实与幻想，从现实中退却，自囿于一个幻想的世界之中，无视社会规范的约束，失去了生活的适应能力。但是这类病人在未发作的间歇期间能独立活动并维持大致正常的生活。精神病患者多需住院治疗，需人照管，否则很可能对其个人和社会造成危害。精神病一般分为精神分裂症、情感性精神病和偏执精神病三类。

（6）心身疾病。心身疾病亦称心理生理反应，是一种具有心理病因的躯体疾病，这类疾病所包括的范围极广。

①心血管系统：原发性高血压、偏头痛、心绞痛、心动过速。

②胃肠系统：消化性溃疡、溃疡性结肠炎、神经性厌食症。

③泌尿生殖系统：排尿障碍、阳痿、阴冷、月经失调或痛经。

④内分泌系统：甲状腺机能障碍、糖尿病。

⑤呼吸系统：支气管哮喘、过度换气综合征、慢性呃逆。

⑥皮肤：荨麻疹、突然性斑秃、神经性皮炎。

⑦肌肉和骨骼系统：周身疼痛症、类风湿性关节炎。

二、引起异常心理的原因

寻找病理原因，即是病因学的主题。异常心理和正常心理的反应一样，都是遗传和环境的产物。但若进一步从个体和群体考察，或从遗传与环境之间的关系考察，便可将异常心理的原因分为遗传、生物、心理、社会四大因素。

1. 遗传因素

遗传是指直系父母以基因和染色体的形式，在妊娠时将其全部转移给子代。子女从父母那里获得 23 对即 46 个染色体，每对都有一个来自母亲，另一个来自父亲。每个染色体都有 1000～2000 个基因，而它们都具有转移遗传特性。

先天性睾丸发育不全症，是由性染色体引起的，如一般男性是从母亲那里获得 X 染色体，从父亲那里获得 Y 染色体（若从父亲那里获得 X 染色体便为女性，即 XX）。但若携带过多的女性染色体，男性即由正常的 XY 型变为 XXY、或 XXXY 甚至 XXXXY 的形式，于是这种人虽有正常的阴茎，但睾丸很小，且拥有不少女性特征，如乳房发达、女性脸面和声音、无体毛。这样的男子不能生育，情绪低落，表现出神经症的症状和反社会行为。

另外，22 对（除第 23 对性染色体）染色体中的任何一对若有多余的染色体，就是先天愚型的病因。这种人有严重的智力障碍，且有类似先天愚型的斜眼、平脸等特征。

大量的研究表明，在精神疾病中，尤其是精神分裂症、躁狂抑郁症和癫痫等，遗传占有十分重要的地位。但对其他异常心理来说，遗传的作用就不可妄断了。

2. 生物因素

遗传引起的一般是素质性因素，而生物因素既包括素质性因素，也包括诱发性因素。

（1）素质性因素又包括结构因素和生理因素。①结构因素：如身高、体重、比例和外表特征等，如果严重偏离常态都可能对心理的正常与否产生重大影响。②生理因素：如内分泌的活性过强或不足，自主反应性的过量或缺乏，体质缺陷等，都可能引起变态行为。

（2）诱发性因素是指对身体有害的毒物和生物学剥夺。前者如记忆丧失、智力缺乏等，都可能是中毒性神经病的症状；后者如营养不良、缺氧、睡眠不足等，都可能产生性功能障碍或引起大脑结构的变化。

3. 心理因素

从心理方面探讨异常心理的发生是很重要的，然而它很难与社会因素分开来讨论。心理活动的内容、方式都直接或间接地受制于社会环境的影响。因此，在我们探讨心理因素时，只是从心理学的角度来寻求一种形式上的解释。

在日常生活中，人们如何选择目标或决定方向，常常须思之再三，这便有了心理内部的动机冲突；为应付外界事件，人们常采用某种较固定的行为方式，这也便养成了种种习惯的防卫反应。人的心理于是受到许多影响，在为求得适应的过程中出现不少不适应的异常行为。

动机冲突是指在个体有目的的活动中，因目标的多样性而出现相互排斥的动机，也叫心理冲突。由于动机冲突，常常使人的需要部分地或全部地得不到满足，目标的实现受到阻碍，亦即产生了挫折。所以动机的冲突被心理学家视为挫折情境产生的重要原因之一。伴随挫折的是人的紧张情绪和焦虑反应，这便给异常心理的产生提供了温床。

生活之中，许多事情是不可一锤定音的，或为全面考虑、或为结果着想、或为自己利益、或顾忌他人看法等，常会使人左右为难或举棋不定。这便是动机冲突，其常见的形式主要有三种：

（1）双趋冲突：即当人们面临两个同样诱人的目的时，迫于情势，只得舍去一个才可得到另一个。这时内心冲突便开始了，而且一当决定选择此目标，又会感到彼目标更好；而真正选择了彼目标，又会觉得此目标更有利。总之，只要有所倾斜，动机冲突便加剧。最终，无论是选此抑或是择彼，都可能后悔当初的决定。是去某行政部门做一个位高薪少升的角色，还是去某公司坐一个薪高位不稳的位子？是选张伴我终身，还是要择李做终身伴侣？是出外去看优秀的文艺演出，还是在家收看精彩的球赛转播？"鱼与熊掌"同时出现，只能导致"不可兼得"之结局。

（2）回避冲突：即当人们面临两个都不令人喜欢或具有威胁性的目的时，迫于情势，只得选择其一，才可避免另一个。回避冲突的演化过程和结果与双趋冲突一样，总难免有"悔不当初"的感慨。如无意触犯交通规则，交警给你两种处罚，可任你选择：罚款100元或站交通岗2天。若选择罚款，钱刚出手便后悔："两天也难赚100元，应该选择站岗。这一下去了1/4的工资。"若真选择站岗，又后悔："如今钱不值钱，区区100元算什么？这风吹雨打，两天难过，何苦哉！"这"骑虎之势"，令人左右为难。

（3）趋避冲突：即人们面临一个目的，既欲趋近，又想避开的冲突形式。这一个目标既有吸引力，又有排斥力。趋近时是为"利"或"得"，但又顾忌"害"或"失"；避开时是为躲避"害"或"失"，但又想到"利"或"得"。好吃肥肉又怕发胖，想结婚又怕负担，即是典型的趋避冲突。张某决定向李某求爱，当趋近李的住处时又想："如果碰了钉子可脸上无光了，如果他（她）向朋友公开，我可无地自容了。"待走到李家门口，剩下最后一口勇气，只是敲开门说一句"请借本书给我"。离开李家，大舒口气，但又马上觉得自己是不是顾忌太多，胆子太小，甚至大骂自己窝囊，连"我爱你"三个简单的字都不敢说,这便是"叶公好龙",等真龙降临却"弃而还走"。

在外界事物的作用下,人们可能采取适当的行为来表达动机愿望、实现目标、满足需要,也可能以某种歪曲现实的方式来减轻心理冲突,消除焦虑。后一种情况即是防卫机制。在个人生活中,个体用防卫机制适应挫折情境和减少焦虑是极为普遍的现象,但是防卫机制往往只能获得一种主观上的解决。而实际情况如何却常是另一回事。因此焦虑可能没有减少,反而沉淀在心里,引起种种异常心理。有关防卫机制的方式后文将有详尽介绍。

4. 社会因素

社会因素扎根于个体所处的环境之中,个体行为也就受到家庭环境、教育环境和社会经济文化的影响。这些影响,在促进个体发展的同时,也可能使其产生人格缺陷和行为紊乱,我们要分析的便是这种压力境遇。

(1)家庭影响:家庭影响对个体的成长的作用是极大的,也是极深远的,心理学家一致认为,个体幼时的生活经验或亲子之间的关系,对人格的形成与发展是极为重要的因素。家庭影响可简单地概括为如下几方面:①育儿方式。包括婴儿期的哺乳方式(定时式或自由式),幼时的大小便排泄(任意的或苛刻的),对儿童行为的放任、溺爱、苛刻等。②父母关系。包括争吵、分居、离婚等。③家庭成员影响。包括父母和其他年长者情绪的反复无常、前后矛盾、行为障碍或反社会行为等。④其他事件。包括家庭成员死亡、经济拮据、缺少地位、家庭声誉等。

(2)教育影响:教育影响主要来自教师的教学方法。教师的人格、教师对学生的态度,以及教师和学生的关系;学习中的竞争;同伴间的影响等。学校教育的影响一般是积极的、正面的,但它也因此可能带来副作用。特别是学习的竞争,极可能对学生产生压力,从而出现焦虑反应。胜者可能自傲自负;败者可能自卑自怜或自暴自弃。

(3)经济文化的影响:有研究表明,大多数失调或异常心理,像反社会行为、酒精中毒、药瘾、性变态、神经症和精神病等,其原因都深植于社会经济文化环境之中。社会政治和经济的阶层、都市化和现代化、文化的弊病与社会风气等都会对人产生不同的压力。人们的行为模式也就是在与这些环境的接触过程中固定下来的，如心理学家霍灵希以美国一小城镇的10万居民为对象，对社会阶层与心理异常者进行研究，发现心理异常程度的轻重有随社会阶层不同而有改变的倾向。在高阶层的社会里，神经症患者较多，精神病患者较少；但在低阶层的社会里，情形恰好相反。

异常心理及其自我调适

一、自私心理

1. 自私的概念

自私是一种较为普遍的病态心理现象。"自"是指自我，"私"是指利己；"自私"指的是只顾自己的利益，不顾他人、集体、国家和社会的利益，常有"自私自利"、"损人利己"、"损公肥私"等说法。自私有程度上的不同，轻微一点是计较个人得失、有私心杂念、不讲公德；严重的则表现为为达到个人目的，侵吞公款、诬陷他人、杀人越货、铤而走险。自私之心是万恶之源，贪婪、嫉妒、报复、吝啬、虚荣等病态社会心理从根本上讲都是自私的表现。自私之心，自古就有。战国时期，齐国有一美男子邹忌，一天另一美男子徐公来访，徐公走后，邹忌便问妻子、小妾、客人，他与徐公哪个长得更英俊，三人异口同声说邹忌长得好看。邹忌是一个有自知之明的人，他认为妻子是偏爱他，小妾是害怕他，客人是有求于他，他们不讲真话，都有私心杂念。所以《书·周官》就提出"以公灭私"，孙中山先生也提出"天下为公"的主张。

2. 自私的特点

(1) 深层次性

自私是一种近似本能的欲望，处于一个人的心灵深处。人有许多需求，如生理的需求、物质的需求、精神的需求、社会的需求等。需求是人的行为的原始推动力，人的许多行为就是为了满足需求。但是，需求要受到社会规范、道德伦理、法律法令的制约，不顾社会历史条件的要求，一味想满足自己的各种私欲的人就是具有自私心理的人。自私之心隐藏在个人的需求结构之中，是深层次的心理活动。

（2）下意识性

正因为自私心理潜藏较深，它的存在与表现便常常不为个人所意识到。有自私行为的人并非已经意识到是干一种自私的事，相反他在侵占别人利益时往往心安理得。也正因为如此，我们才将自私称为病态社会心理。

（3）隐秘性

也有一种人，因自私行为而引起公愤，但已养成习惯，为了逃避舆论谴责和社会惩罚，便常常口唱高调，故作姿态，或者偷偷摸摸地占别人的便宜，在谎言和假象之中，隐藏其内心自私的本性。例如明明是多吃多占，却说是工作需要；明明是损人利己，却说是替他人着想。自私是一种羞于见人的病态行为，自私之人常常会以各种手段掩饰自己，因而自私具有隐秘性。

3. 自私心理的成因分析

自私行为的病因可从客观与主观两个方面来分析。从客观方面看，我国是个人口众多，自然与社会资源（自然资源包括耕地、山林、淡水、物产、消费物资等；社会资源包括财富、权力、信息与社会关系等）十分有限的国家。社会中任何个体或群体、集团都需要一定的资源，但由于各种复杂的原因，目前我国各项资源的数量、种类在占有和配置方面都存在许多不平衡、不合理之处，对资源的权力、行业、部门垄断还比较严重。

于是，缺乏资源的一方不得不用非正当的方式去交换。由此，一方面以权谋私，另一方面以钱谋私，搞权钱交易、权色交易，相互交换。另外，病态文化的沉积和社会控制不严，也是客观原因。从主观方面看，个人的需求若是脱离社会规范的不合理的需求，人就可能倾向于自私。另据有关专家的研究表明，个人的自我敏感性、价值取向与社会行为有着一定的内在联系。

所谓社会行为，是指包括助人行为在内的，有益于社会的个体行为；自我敏感性，是指一个人关心他自己的问题，感到需要别人的帮助，以及的确得到别人的帮助后的心理感受；价值取向，是指在社会化过程中逐渐形成的、相对稳定的评价事物的标准和态度。高度的自我敏感性可以外化为对他人的敏感性，即"人人为我，我为人人"，但也可能成为一种只顾自己的倾向。自私自利之人往往是自我敏感性极高，以自我为中心，对社会对他人极度依赖与索取，而不具备社会价值取向（对他人与社会缺乏责任感）的人。

4. 自私的表现与危害

自私作为一种病态社会心理，有很强的渗透性。我们认为除了社会上少数品德高尚的仁人志士外，大多数社会公民在不同程度上都存有私心杂念。主要有以下表现形式：

（1）不讲公德

公德是指广大公民在社会生活中所应遵循的道德准则，可是有些人却漠然视之，如随地吐痰、乱扔瓜皮纸屑、乱穿马路；你这里刚坐下学习，他那里把音响开得震天响；有的居民楼，每家每户收拾得干干净净，但走廊过道上垃圾成堆等。将自个人的东西看得紧，公家的财产随意浪费，这也是不讲公德。

（2）嫉妒他人

自私的人嫉妒心强，心目中只有自己，根本不能容纳别人。如果谁的本事比他强，取得了好成绩，甚至在容貌、身材、年龄方面超过他，都会感到难受，于是多方设法诋毁、诬陷、为难比他强的人。嫉妒心有时会使人陷入疯狂的状态，甚至会导致伤害别人、毁容等违法行为。

（3）感情自私

在恋爱婚姻家庭中常有感情自私的现象。有些人为满足自己的私欲，在恋爱中玩爱情游戏，玩弄异性，用甜言蜜语欺骗青年男女；有些人为了

自己的所好，插足他人家庭，不惜充当第三者；有些人因职务升迁或成为款爷后，就抛下结发妻儿，另觅新欢；有些人在配偶身染重疾、处境艰难时，竟提出离婚要求；还有些人隐瞒个人隐私或自身缺陷，用欺骗手段获取爱情，结果导致婚姻的悲剧等。

（4）技术垄断与剽窃

过去社会上有些手艺人、大师傅学有专长，身怀绝活，但从不肯轻易将技术授予他人，怕"授予徒弟，饿死师傅"；有的人"传儿不传女"、"传女不出嫁"；有的人则终身不授后人、将技术带入坟墓，结果使我国许多优秀民间传统手艺销声匿迹。现在还出现了另外一种情况，有些技术人员将本企业的某些专利技术窃取给其他企业，以换取个人的好处；有的假冒著名商标；有的盗用版权，以谋私利等。

（5）以钱谋私

社会上有些人为了拉关系、走后门，不惜用金钱、礼品去贿赂有权之人，用钱打开谋私的门户。过去曾流行这样一句话："衙门八字开，有理无钱莫进来。"现在仍有一些人用金钱去兴名买利，这对社会风气危害极大。

（6）以权谋私

这主要表现在某些掌握管理权、经营权、行政权的人身上。他们以权谋私，以至党风、政风、行业之风不正。少数人在权力金字招牌之下为所欲为，肆无忌惮，用权力下赌注，做交易，贩卖肮脏和腐臭的东西。

以上介绍了自私行为的几种表现。凡自私的人，都有这样的病态社会心理，即"人不为己，天诛地灭"。这些心态经社会心理的传播，逐渐变成了一种流行的畸形心态。由于社会制约机制尚不健全，某些自私自利的人确实从中捞到了某些好处，更使得自私之风盛行不衰。自私导致腐败，导致极端的个人主义，导致社会丑恶现象的出现，它使得社会风气败坏，是违法违纪的根源。

5. 自私的心理调适

自私作为一种病态社会心理，可充分发挥个人的主观能动性予以克服。自私的心理调适有如下方法：

（1）内省法

这是构造心理学派主张的方法，是指通过内省，即用自我观察的陈述方法来研究自身的心理现象。自私常常是一种下意识的心理倾向，要克服自私心理，就要经常对自己的心态与行为进行自我观察。观察时要有一定的客观标准，就是社会公德与社会规范。而要反省自己的过错，就必须加强学习，更新观念，强化社会价值取向，向毫不利己、专门利人的模范学习，对照榜样与模范找差距。并从自己自私行为的不良后果中看危害找问题，总结改正错误的方式方法。

（2）多做利他行为

一个想要改正自私心态的人，不妨多做些利他行为。例如关心和帮助他人，给希望工程捐款，为他人排忧解难等。私心很重的人，可以从让座、借东西给他人这些小事情做起，多做好事，可在行为中纠正过去那些不正常的心态，从他人的赞许中得到利他的乐趣，使自己的灵魂得到净化。

（3）回避性训练

这是心理学上以操作性反射原理为基础，以负强化为手段而进行的一种训练方法。通俗地说，凡下决心改正自私心态的人，只要意识到自私的念头或行为，就可用缚在手腕上的一根橡皮弹环弹击自己，从痛觉中意识到自私是不好的，促使自己纠正。

二、贪婪心理

1. 贪婪的涵义与特点

"贪"的本义指爱财，"婪"的本义指爱食，"贪婪"指贪得无厌，意即对与自己的力量不相称的某一过分的欲求。它是一种病态心理，与正常的欲望相比，贪婪没有满足的时候，反而是越满足，胃口就越大。"天下熙熙，皆为利来。天下攘攘，皆为利往。"人之求利，情理之常，但什么都想要，而且想无本万利、无视等价交换，鲸吞社会与他人财产，就是反常，就有害和有罪了。古人用"贪冒"、"贪鄙"、"贪墨"来形容那些贪图钱财，欲望过分的行为，认为是"不洁"、"不干净"、"不知足"的。老百姓用"贪官污吏"、"硕鼠"、"蛀虫"来讽刺那些贪得无厌的人，可见贪婪是不得人心的。

贪婪心理有以下特点：

（1）无满足性

贪婪的欲望是无止境的，"人心不足，蛇吞象"。俄国作家普希金在其作品《渔夫与金鱼》中就描写了一个十分贪婪的老太婆，和这个老太婆一样，有贪婪病态心理的人，在对待金钱、权力、女色、美食、财产等方面永远是贪得无厌的。如某民航局一售票员利用职务之便，伪造机票，贪污公款几万元，她尝到甜头后变本加厉，在短短两年时间内，伪造 3.73 万余张机票，贪污人民币 313 万余元，等于一架"波音 737"飞机在天空中白白地飞行一年。

（2）公开性

凡贪婪之人，都是利欲熏心的。古代有一则寓言叫"齐人盗金"，说的是古代齐国有一个十分贪婪的人。一天他走过集市，看见摊子上摆着待出售的黄金，于是拿起一块就走，被人捉住后，他说："吾不见人，徒见金。"为了满足自己的私欲，有贪婪心理的人往往会丧失理智，不顾社会道德、法规的约束和舆论的谴责，疯狂地贪污，无耻地索要，用种种借口挪用公款大吃大喝，公款私用。例如某县一个经济效益较好的小厂，职工们拼死拼活干一年，好不容易盈利 30 万元，可厂长却将这笔钱买了一辆"蓝鸟"自己乘坐。

（3）侥幸性

贪婪行为是一种侵犯国家、集体、他人利益的行为，历来为党纪国法所不容。明朝开国皇帝朱元璋出身寒微，十分痛恨贪官污吏，他规定凡贪污白银 60 两的官员就要斩首，并把此人的皮制成标本放在衙门大堂侧边，以警襄示继任者。我国政府历来就重视打击惩处贪污行为，建国初期就依法枪决了两名贪污公款的党政高级干部，以后相继开展了"三反五反"、"四清运动"，近年又建立健全了各种监察举报制度，但是有贪婪心理的人，贼胆包天，仍要伸出贪婪的黑手。他们个个心存侥幸心理，认为自己不会被发现，不会绳之以法。偶尔侥幸逃脱了监督与检查，便洋洋得意，自认手段高明，本事通天，给果在泥坑里越陷越深。

（4）意志薄弱性

贪污之人大都是意志薄弱者，在金钱与物质面前，不能控制自己的行为。他们知道贪婪之心不好，有的在谋得不义之财后，也曾想过金盆洗手，但也只是就此为止，在诱惑面前，仍然犹豫不决，把后悔与迟疑置于脑后，再一次伸出贪婪之手。

2. 贪婪心理的成因分析

贪婪心理的成因可从客观与主观两个方面来分析。

（1）客观原因

①社会病态文化的消极影响。中国古代就有"马无夜草不肥，人无横财不富"，"饿死胆小的，撑死胆大的"的说法，反映了不劳而获的投机心理。它宣扬的不是勤劳致富而是谋取不义之财。受这种观念的影响，社会上确有一些不务正业，靠贪污、行骗过活的不法分子。

②社会舆论的误导。改革开放初期，媒介详尽地报道"万元户"的收入与成果，却没有报道万元户是如何通过艰辛的劳动致富的，以致激发了一些人的致富攀比心理。当然有不少人通过另谋职业、业务进修、加班加点等方式来增加自己的收入，但利用职务、权力、岗位、行业之便，用非法手段谋取私利的也大有人在，误导极大地刺激了这些人的贪婪之心。

③社会控制不严。改革开放以来，为了搞活经济，各地"放"得较多，造成很多弊端。一些地方开始搞有奖募捐、巨额有奖销售活动，带有赌博性质的游戏机房也悄然登场，一些不法分子尝到了甜头，在社会控制不严的情况下，屡屡作祟。目前在一些地区最先致富的人，不乏有靠不法手段的，客观上刺激了附近地区人们的贪婪之心。

（2）主观原因

①错误的价值观念，认为社会是为自己而存在的，天下之物皆为自己拥有。这种人存在极端的个人主义，认为人生就是"捞世界"。为了"潇洒走一回"，不惜"拿青春赌明天"。即便"五子登科"，也不会满足。

②行为的强化作用。有贪婪之心的人，初次伸出黑手时，多有惧怕心理，一怕引起公愤，二怕被捉。一旦得手，便喜上心头，屡屡尝到甜头后，胆子就越来越大。每一次侥幸过关对他都是一种条件刺激，不断强化着那颗贪婪的心。

③攀比心理。有些人原本也是清白之人，但是看到原来与自己境况差不多的同事、同学、战友、邻居、朋友、亲戚、下属、小辈，甚至原来那些与自己相比各种条件差得远的人都发了财，心理就不平衡了，觉得自己活得太冤枉，由此萌发出攀比之念，也学着伸出了贪婪的双手。

④补偿心理。有些人原来家境贫寒，或者生活中有一段坎坷的经历，便觉得社会对自己不公平，一旦其地位、身份上升，就会利用手中权力向社会索取不义之财，以补偿以往的不足。

3. 贪婪行为的表现及其危害

贪婪是一种过分欲望。贪婪者往往超越社会发展水平，践踏社会规范，疯狂地向社会及他人攫取财物。其表现有以下几种：

（1）不择手段的财欲

主要表现为：唯利是图，见利忘义，利用一切手段索取钱财。有人搞赌博捞钱，沉溺其中，难以自拔。有人偷盗自行车等，皆是为了一个"钱"字，不惜一切手段。

（2）难以满足的贪欲

这里指的不是贪食症，而是利用公款或他人之款去吃喝。现在个别单位用公款白吃似乎已成为联络感情、展示"公关"、进行业务的一种"热门"手段。有少数公务人员借检查工作之名，到一些企业白吃白喝，索要礼品；社会上有些闲散人员乘别人举办婚宴，混入宾客之中白吃一顿。这些都是吃喝方面的贪婪现象。

（3）难以填补的权力欲

社会上有些人为了出人头地，拼命地往上爬，或凭借裙带关系伸手要官，或诬陷他人以表现自己。这难以填补的权力欲，实质是贪婪心理在作祟。

（4）欺世盗名的名欲。

有些人升不了官，便想在世上出名，于是就自封为世界著名的"气功"大师、医治百病的"名老中医"、有著作面世的"教授"、"赴京献宝"的名人后代等。他们中许多人实际上没有多少文化，仅凭一张巧嘴，一叠耀眼的名片，欺骗了无数善良的人们。他们的骗术并不高明，但能迎合一些人的虚荣心与某种迫切的需求心理（如治病、练功、求宝），这部分上当者的深信不疑，渲染与扩大了行骗者的社会影响，虚名的泡沫越鼓越大，直至破裂那天为止。

以上仅仅列举了四个方面的贪婪行为，这一小撮贪婪之人给社会带来了极大的危害。

4. 贪婪的心理调适

贪婪并非遗传所致，是个人在后天社会环境中受病态文化的影响，形成自私、攫取、不满足的价值观而出现的不正常的行为表现。若欲改正，是可以自我调适的，具体方法如下：

（1）格言自警法

古往今来，仁人贤士对贪婪之人是非常鄙视的。他们撰文作诗，鞭挞或讽刺那些向国家和人民索取财物的不义行为。奉劝想消除贪婪心理的人，将一些自警格言裱成堂幅，悬挂室内，朝夕自警。

（2）二十问法

这是一种自我反思法，即自己在纸上连续 20 次用笔回答"我喜欢……"这个问题。回答时应不假思索，限时 20 秒钟，待全部写下后，再逐一分析哪些是合理的欲望，哪些是超出能力的过分的欲望，这样就可明确贪婪的对象与范围，最后对造成贪婪心理的原因与危害，自己做较深层的分析。

（3）知足常乐法

一个人对生活的期望不能过高。虽然谁都会有些需求与欲望，但这要与本人的能力及社会条件相符合。每个人的生活有欢乐，也有失缺，不能搞攀比，俗话说"人比人，气死人"，"尺有所短，寸有所长"，"家家都有本难念的经"。心理调适的最好办法就是做到知足常乐，"知足"便不会有非分之想，"常乐"也就能保持心理平衡了。

三、吝啬心理

1. 吝啬的涵义及其特点

吝啬，又称小气，"一毛不拔"。吝啬与吝惜不同，吝惜指对所有财物（包括个人与公家的）十分珍惜，不浪费，不大手大脚。它是一种勤俭节约的好行为。珍惜财物，不铺张浪费，是一种好品德。教育家徐特立早期在长沙办学，非常勤俭，常常将别人丢弃的半截粉笔拿来写字。而吝啬则是一种不正常的心态和行为。吝啬是一种有能力资助或帮助他人却不肯付诸于行动的行为。

吝啬行为具有以下特点：

（1）自私性

吝啬之人都非常计较个人的得失，遇事总怕自己吃亏。他可以大慷公家之慨，对个人利益却丝毫不能让步，总是高估人家低估自己，永不知足，因而也具有贪婪之心。例如果戈理笔下的守财奴泼留希金，就是个既贪婪又吝啬、形似乞丐实为富豪的怪物，他拼命地搜刮财富，宁可放在仓库里让它霉烂，也不愿救济农夫，甚至他的亲人。请看这段描写："奶油面包和睡衣，他感激地收下了，对于女儿，却没有一点回送的物事，亚历山特拉·斯台班诺夫娜就只好这么空空地回家。"

（2）冷漠性

吝啬之人非常看重自己的财富与利益，为了既得利益，可以六亲不认，对别人的苦楚显得冷漠无情，毫无怜悯之心，甚至落井下石。例如巴尔扎克笔下的葛朗台老头就是一个金钱执著狂，为了钱他可以把妻子折磨死，欺骗亲生女儿，剥夺她的财产继承权。

（3）封闭性

吝啬之人很少参与社会活动，也不关心周围的事物，他们不愿帮助别人，因此很少有知心朋友，有了困难也就很难得到他人的帮助。

2. 吝啬心理的成因分析

吝啬心理的形成，与环境影响、人格成长不良有关系。

从外界因素来看：

（1）社会资源的分配与占有是不均衡的

由于种种原因，人们的收入与财富具有一定的悬殊性，贫富关系因社会竞争与变化常常发生变化，今天你可能很富有，明天你也许就不那么有钱了。社会财富占有的不确定使得一些人产生对现实的焦虑心理。于是，建立起一个强度很大的心理防御机制，非常关注既得利益而对周围的人漠不关心。

（2）社会存在欺诈行为

这些欺诈行为促使吝啬之人对他人抱有强烈的戒备心，他们对少数人的不法行为极为不满，并推及到全社会，认为人人都是欺诈之徒，不必对他人抱同情心，不要自找麻烦。

（3）社会价值观念的导向

社会价值观念就是我们所说的社会风气。如果社会风气好，"人人为我，我为人人"，雷锋精神处处可见，利他观念深入人心，为社会慈善事业、希望工程、灾民捐资捐款，人人都善待老人、儿童，具有同情之心，那么，社会的吝啬心理就会少得多。如果社会分配不公、尔虞我诈，人人自私自利、斤斤计较，那么出现病态的吝啬心理是必然的。

（4）社会隔绝的影响

现代民居的设计以独立的二居室、三居室为主，邻里之间缺乏交流与沟通，有的"鸡犬之声相闻，老死不相往来"，也滋生了人的吝啬、冷漠之心。

从主观方面看：

（1）吝啬是一种消极的自我防御体制

精神分析学家们认为焦虑是人的行为的基本能力。弗洛伊德将焦虑分为三类：①由环境中存在的现实危险所引起的现实焦虑，②由害怕控制不住本能冲动而引起的神经质焦虑，③由害怕自己违背社会规范而引起的道德焦虑。焦虑令人不快和紧张，要设法降低或克服它，个人所做的一切行为就是为了避免或降低各种焦虑。有些人将现实生活风险估计过高，对自己的能力与实力估价过低，为了应付焦虑，就建立起自我防御机制。冷漠、吝啬、无责任感就是这种机制的表现。

（2）吝啬是个体早期人际关系的产物

心理学家霍妮认为，人格的发展取决于儿童与父母的关系。儿童与父母之间的关系有两种典型情况：

①儿童从父母那里得到真正的慈爱与温暖，安全的需要得到满足。

②父母对儿童漠不关心、厌恶甚至憎恨，儿童的安全需要受到挫折。

在前一种情况下儿童正常发展，而后一种情况则会引起神经症。霍妮把父母破坏儿童安全感的行为称为"基本邪恶"。

如：对儿童冷淡，拒绝儿童，敌视儿童；对子女的偏心，不公正的惩罚，嘲笑，羞辱，行为怪异，不守信用，不许孩子和其他人接近等。如果父母以上述一种或多种行为对待儿童，那么儿童将对父母产生基本敌意，这种敌对态度最终又将折射到周围的一切事物和任何人上。

可以这样认为，吝啬之人从小很少，甚至从未从父母那里得到爱与关怀，他们也就不懂得如何去爱别人。他们很少与父母有情感上的交流，因此对他人的艰难处境不会引起心理共鸣，他们看到需要资助或帮助的人，往往认为这不关我的事，心安理得地把责任推给别人。

（3）个人缺乏社会责任感

吝啬之人自私、冷漠，对社会、他人乃至亲属不负责任，或者只站在狭隘立场来看待自己的责任与义务。

3. 吝啬行为的表现与危害

由于现代社会经济发展迅速，人民收入普遍增加，像葛朗台、泼留希金那样典型的吝啬鬼、守财奴在当今已很少见，吝啬行为也不再限于财物，而是扩展到更广阔的领域。当今吝啬行为有如下表现：

（1）不愿借钱借物给人

如今有一个独特的现象，越是大城市，越是收入高的地区，人们就越吝啬、越计较个人的得失；而在边远的山区村寨，人们的收入水平很低，却乐意帮助乡邻。有人认为大城市的居民来自东西南北，已没有乡下人固有的那种乡里乡情。城市居民收入的有限性和高物价，使一些人对周围的人与事变得非常小心谨慎，他们从不轻易向人许诺与施舍。

（2）不赡养老人

"老有所养，老有善终"，"孝顺父母"，这是中华民族的优良美德。可是现在有些做儿女的，相互推诿、不承担赡养父母的义务，这多见于农村多子女家庭。例如四川一位八旬老人，养育五个儿女，可是儿女在父亲丧失劳动能力后，一个也不愿赡养，致使老人沿街乞讨，露宿街头。老汉的子女个个怕吃亏，完全忘记了自己应负的责任，其中长子的示范作用是很重要的，长子吝啬小气必然影响其余兄弟姐妹。另外，在一些养父子关系中，也存在不赡养老人的情况。有些父母自己没有生育能力，从别处抱养一个孩子。而孩子长大成人，知道自己的身世后，就不顾父母的养育之恩，而将老人遗弃。

（3）遗弃女婴

中国社会历来有重男轻女的观念，"生儿弄璋，育女弄瓦"。于是乎有些人就只想生一个儿子，有的产前做 B 超，不是儿子就做"人流"；有的生下女婴后，就将她遗弃在路旁，好再生育儿子；有的把儿子视作宝贝，把女儿当作累赘。这实质上是一种感情上的吝啬心理。

（4）重衣食不重教化

现在有些家长在生活上对孩子关照得无微不至，高级食品、衣服玩具，不管价钱有多高，都舍得去买，唯独不愿给孩子以精神上的教化。这反映了一些人素质的低下，也属一种社会病态行为。

（5）不关心周围的事物

有些人遇事，"事不关己，高高挂起，明知不对，少说为佳"。捐款、让座的助人之事他不做，遇到别人有难他不帮，遇到歹徒他不上。这种吝啬之人已近乎麻木不仁的冷血动物。

吝啬作为一种自私、冷漠的病态行为有极大的危害性。

首先，它破坏了人类所固有的仁爱之心、同情之心。"人非草木，孰能无情？"人与动物的最大区别就在于人具有社会性，人与人之间存在着各种互助关系，相互关心，相互帮助是人类美好的属性。吝啬之人极度自私，不给别人任何帮助，将人的本性降格为动物般的本性。吝啬破坏了人类美好的社会关系、伦理关系与道德关系。吝啬之人也必将受到社会的谴责与遗弃。

其次，物质与精神上的吝啬心理将会对一些社会成员造成精神及肉体上的伤害。试想，被子女抛弃的老人，被父母遗弃的女娃，他们将会面对什么生活？一个被父母重养轻教长大的孩子，他们的灵魂又是多么的空虚？一个面临困境向他人伸出求援之手的人，得到的只是白眼，他的心里有多痛苦？作为人，实在不该有吝啬之心。

4. 吝啬心理的自我调整

既然吝啬的危害如此之大，我们应当尽快消除吝啬心理。不妨深入思考，领悟吝啬的错误。人活在世上需要钱，但更需要亲情与友谊。小气冷漠，只会割断亲情，使自己成为孤家寡人；赡养老人、养育独生子女是公民应尽的义务，否则天理难容。过去曾受到的不公正的待遇，不必萦怀心头，而要理智地看待。关心与帮助历来是相通的，每个人都有需要别人帮助的时候，今天帮人一把，日后自己有难处，也定会得到他人的关心。

四、自我封闭心理

1. 自我封闭心理的涵义及其特点

"封闭"本义指严密盖住。自我封闭是指个人将自己与外界隔绝开来，很少或根本没什么社交活动，除了必要的工作、学习、购物以外，大部分时间将自己关在家里，不与他人来往。自我封闭者都很孤独，没有朋友，甚至害怕社交活动，因而具有一种环境不适的病态心理现象。

自我封闭心理具有如下特点：

（1）普遍性

即各个年龄层次都可能产生。儿童有电视幽闭症，青少年有性羞涩引起的恐人症、社交恐惧心理，中年人有社交厌倦心理，老年人有因"空巢"（指子女成家居外）和配偶去世而引起的自我封闭心态。同时，在不同的历史年代都可能存在这一现象。过去有所谓"清士"、"遗民"，当今有孤独无友之人。

（2）非沟通性

正常人都有相互沟通交往的需求。据统计，人除了八小时睡眠外，一天中其余70%的时间被用来交流信息与情感。而有封闭心态的人，则不愿与人沟通，很少与人讲话，不是无话可说，而是害怕或讨厌与人交谈，前者属被动型，后者属主动型。他们只愿意与自己交谈，如写日记、撰文咏诗，以表志向。

（3）逃避性

自我封闭行为与生活挫折有关，有些人在生活、事业上遭挫折与打击后，精神上受到压抑，对周围环境逐渐变得敏感，变得不可接受，于是出现回避社交的行为。

（4）有孤独感

因为自我封闭者把自己与世隔绝，他也就没有什么朋友，时常感到很孤独。

2. 自我封闭心理的成因分析

自我封闭心理实质上是一种心理防御机制。由于个人生活及成长过程中常常可能遇到一些挫折，挫折引起个人的焦虑。有些人抗挫折的能力较差，使得焦虑越积越多，他只能以自我封闭的方式来回避环境，降低挫折感。还有些人受社会错误观念的影响，如"逢人只讲三分话，不可全抛一片心"、"出头椽子先遭烂"，如此等等，就降低了社会交往与自我表现的程度。

社会交往是正常人的一项基本需求，交往能传递情感，满足人的社会与精神需求。而有自我封闭心理的人则人为地剥夺了这项需求，使得信息狭窄，情感隔绝，孤独感、隔世感油然而生，从而使心理活动病态化。

从儿童来讲，如果父母管教太严，儿童便不能建立自信心，不敢越雷池一步，宁愿在家看电视，也不愿外出活动。

从青少年来讲，同一性危机是产生自我封闭心理的重要原因。同一性危机是美国心理学家艾里克森提出的一个概念，他认为同一性危机是青年企图重新认识自己在社会中的地位和作用而产生的自我意识的混乱。

换言之，即指青年人向各种社会角色学习技能与为人处世的策略。如果他没有掌握这些技能与策略，就意味着他没有获得生活自信心以进入某种社会角色，他不认识自己是谁，该做些什么，如何与他人相处。于是，他就没有发展出与别人共同劳动和与他人亲近的能力，而退回到自己的小天地里，不与别人有密切的往来，这样就出现了孤单与孤立。

从中年人来讲，艾里克森认为一个健全的中年人应关心和爱护下一代，为下一代人提供物质与精神财富（还应包括整个家庭成员），如果一个人不能关心下一代，或者不能完成上述活动，那他就是一个"自我关注"的人。

这种人只关心自己，不与他人来往，或者自我评价低而懒于与人交往。从老年人来讲，丧偶丧子的打击，很易使人心灰意懒，精神恍惚，对生活失去信心，不能容纳自己，常常表现为十分恋家。例如住在医院，焦躁不安，回到熟悉的家，情绪才能平稳下来。

可见，自我封闭心理与人格发展的某些偏差有因果关系。

3. 自我封闭心理的表现与危害

（1）不愿结婚

"男大当婚，女大当嫁"是一种社会习俗，也是人类的基本需要，但有些大男大女宁愿独身也不愿成家。大男不成家，大多是不愿承担起建立家庭、养育子女的责任；大女不出嫁，是在期待出现理想中的"白马王子"。有一位单身女教师这样写道："单身有单身的快乐，但也有单身的孤独，特别是寒冷的夜间，孤独像迷雾一样缠绕着我，心很凉很冷，有时甚至战栗……但我绝不会找一个不是自己真心实意喜爱的人成婚。"这些大龄男女青年，或者回避现实，或者期望过高，都将自己封闭起来。

（2）社交恐惧

这多发生在那些性格内向者身上。由于幼年时期受到过多的保护或管制，他们内心比较脆弱，自信心也很低，只要有人一说点什么，就乱对号入座，心里紧张起来。他们最怕到公开场合去，在生人面前常显得束手无策，于是干脆躲在家中不出来。

（3）自责心理

有些人因生活中犯过一些"小错误"，例如偷过东西，看过黄色录像片，违反过交通规则等，他们也许并未受过别人的惩处，但由于道德观念太强烈，导致自责自贬。自己做错了事，就看不起自己，贬低自己，甚至辱骂、讨厌、摒弃自己，总觉得别人在责怪自己，感到惶惶不可终日，于是深居简出，与世隔绝。

（4）消极的自我暗示

有些人因为个子特别矮小，或者特别高大，或者有某些身体缺陷，或者容貌丑陋等，于是十分注重个人形象的好坏，总是觉得自己长得丑。这种自我暗示，使得他们非常注意别人的评价，甚至别人的目光，最后干脆拒绝与人来往。

自我封闭阻隔了个人与社会的正常交往。它使人认知狭窄，情感淡漠，人格扭曲，最终可能导致人格异常与变态，因此应尽快调整自我封闭的心态。

4. 自我封闭心理的自我调适

（1）乐于接受自己

在现实生活中，人们常会面对许多挫折，有些人习惯将失败归因于自己，总是自怨自艾。他们十分关注别人的评价，遇事忐忑不安。我们应学会不在乎别人说三道四，"走自己的路"，乐于接受自己。例如一个长相有缺陷的青年，因害怕别人讥笑而不欲见人，后来他努力发现自己的优点，如聪明、成绩好等。优点发掘得越多，他就越自信，最后完全走出了自我封闭的圈子。

（2）提高对社会交往与开放自我的认识

现代社会要求人不仅要"读万卷书，行万里路"，而且还要"交八方友"。交往能使人的思维能力和生活机能逐步提高并得到完善；交往能使人的思想观念保持新陈代谢；交往能丰富人的情感，维护人的心理健康。

只有开放自我、表现自我，才能使自己成为集体中的一员，享受到人间的快乐和温暖，而不再感到孤独与寂寞。一个人的发展高度，决定于自我开放、自我表现的程度。谁敢于开放，谁敢于表现，谁就能得到更好的发展，因此要改变封闭状态。

克服孤独感，就要把自己向交往对象开放。既要了解他人，又要让他人了解自己，在社会交往中确认自己的价值，实现人生的目标，成为生活的强者。如果沉浸在"自我否定"、"自我封闭"的消极体验中，就会闭目塞听、思维狭窄、阻碍自己积极行动。故有的心理学家将这种自我封闭的心态称为"自我监禁"。

（3）精神转移法

即将过分关注自我的精力转移到其他事物上去，以减轻心理压力。例如有一位异臭恐惧症的女孩子，身上本无异味，但总是心怀疑虑，认为有味，如口臭、狐臭、屁臭、汗臭等。只要精神一紧张，自己就能"闻到"臭味，由此害怕见人，但精神放松或转移注意力，这臭味便消失了。这种情况可用精神转移法缓解，例如练字、作画、唱歌、练琴等。

（4）系统脱敏法

自我封闭者要正视现实，要勇敢地介入社会生活，找机会多接触和了解外人。这样不断摸索经验，可扩大与外界的交往。这可以从最易的做起，逐步完成难度动作。如：写信→打电话→上街→外出见朋友→参加集会→邀朋友来家做客→在电台为朋友点歌→在报刊上发表文章→在公开场合讲演→担任某一群体负责人。

五、空虚心理及其自我调适

1. 空虚心理的涵义与特点

《辞海》释"空"为虚也，指中无所有；"虚"，空也，与"实"相对。空虚心理指一个人的精神世界一片空白，没有信仰、没有寄托、百无聊赖，或沉溺于麻将，或酗酒吸毒，或卖淫偷盗，或花天酒地、醉生梦死，如同行尸走肉。

论其特点，首先，精神空虚是一种社会病，它的存在极为普遍，当社会失去精神支柱或社会价值多元化导致某些人无所适从时，或者个人价值被抹杀时，就极易出现这种病态心理。

在资本主义社会，劳动者成为机器的附庸，人与人的关系异化为雇佣关系、金钱关系，人的价值被利润、买卖所代替，人们之间存在只是一种物质交易关系。许多人因此生活在一种压抑、紧张的环境之中。每个人都面临着失业的威胁，今日不知明日事，许多人只好得过且过，用吸毒、放纵等方式来麻痹自己。

如今商品经济给市场经济带来了活力，但它所具备的功利性与竞争性，又使得某些人为名利、竞争所累，这些人便成了金钱的奴仆。只要有钱，什么都肯干。有些人片面追求物质享受，吃、穿、住、行都讲究豪华气派，但他们内心却十分空虚。

其次，精神空虚的危害性非常大。毛泽东曾说，人是需要一点精神的。也就是说，一个人要有理想、有抱负、有志气、才能迎接一切挑战，有为于世界。然而精神空虚者往往萎靡不振，缺乏社会责任感。如果社会上这类人多了，我国的经济发展岂不是一句空话？

精神空虚有碍于社会发展，也有害于人类发展，必须慎而待之。

2. 空虚心理产生的原因

可以从社会与自我两个方面来讨论。

（1）精神支柱的消失

精神支柱是一种信仰，是大众在社会生活中所公认的价值体系和人生榜样。例如一些伟人及其思想论说的一种理想社会的模式；一些自幼在学校、家庭所接受的道德伦理，诸如"好人一生平安"、"好人有好报"等信念。精神支柱是一种积极的心理暗示，能激发人不断进取，但是社会常常为一些捉摸不定的、难以适应的形态所取代。多元化的价值观往往取代了单一的、固定的价值体系。在这种情形下，原来的社会精神支柱可能会消失，取而代之的可能是一种无所适从的茫然感。

（2）个人价值的抹杀

社会的存在与发展，有赖于群体意识和社会价值，但是社会价值和群体意识又是构建在个人价值的基础之上的。没有个人的自尊、自爱、自信，就不会有社会责任感和对社会做贡献的能力。如果社会不考虑个人价值的存在，或者过多地抹杀个人存在的价值，人就会觉得活着没什么意思。青少年若受到过于严厉的管教；成人的成就长期得不到社会的承认；老人得不到子女的赡养，都会导致空虚心理的产生。

（3）社会交往的畸变

在现实生活中，人们需要交流沟通与友谊，但交往有平等的原则，地位相等、志趣相同者才会有真正的友谊。在社会变迁中，有些人的政治与经济地位一跃而起。地位的变化使得一些故友之间出现了鸿沟，原来无话不谈的局面已不复存在，新的社交圈正在形成，"有钱的人常常是孤独的"，因为经济地位高的人，商品意识往往特别强，并极易将这种意识渗透到与别人的交往中去，因而难以与他人建立和维持种种非功利性的比较平等真诚的友谊。他们常常怀疑别人与他们交往的动机不纯，是为了钱而来交朋友。

有一位 25 岁的男青年很有钱，但个人问题一直没有解决，虽然周围不乏出色的女孩追求他，但他老是为她们是爱他的钱还是爱他这个人而思虑不已。此外，有钱人在外界常常是一副强者的形象，他们不愿让外人看到自己也有难处，因而羞于启齿向人诉苦，只能把烦恼埋在心时，从而加重了所固有的孤独、空虚感。

从个人角度来说，空虚心理源于以下方面：

（1）自我贬低、缺乏自信

个人的早期生活不幸、父母早逝或生活在离异家庭，从小得不到温暖与关怀，犹如"瓦上霜，路边草"，自觉低贱，自暴自弃，看不到前途和光明。社会上的流浪儿、闲杂人员多半属此类。

（2）错误的认知

对社会现实和人生价值存在错误的认知，以偏概全将社会看得一无是处，将个人价值与社会价值对立起来，只讲个人利益，不尽社会义务。当社会责任与个人利益发生冲突时，过分讲究个人得失，一旦个人要求不能得到满足，就"万念俱灰"。这种情形在青少年与一些成人中间较为普遍。

（3）无法满足的精神需求

人有许多需求，大致有生理需求、物质需求、社会需求与精神需求几方面。一般而言，生理需求与物质需求满足较易，后两种满足较难。在现代商品社会里，人们都在努力创造与积攒财富，但是财富与财富带来的快乐并非成正比。

当财富集聚到一定程度后，一些人对金钱没有了以前的那种新鲜感、快乐感和满足感，甚至会产生麻木乃至厌倦。而当生活没有了往日奋斗追求的动力，人生也就丧失了目的与意义的确定，于是他们中的一些人在百无聊赖中度日，或者设法寻求一些更新更强的刺激。一些豪赌、纵欲的个体户就属此类情况。

3. 空虚心理的表现及其危害

精神空虚有如下表现：

（1）丧志综合征

即缺乏自己的决定或根据自己做出的决定去行动的能力，这种病态行为的根源在于精神空虚、情绪紧张、意志薄弱，不能把握事物发展的规律，易受暗示及环境的摆布，并有酗酒、嗜烟、聚赌等不良行为。例如一些犯罪团伙及迷信团伙的成员之所以受团伙头目的操纵、摆布，就是因为空虚丧志，不能自控。

（2）否定一切

这在青年中较为常见。心理学家汤姆利尔茨认为，儿童向青年期转化，便带来了青年人对过去、对外界关心的逐渐减弱，而将注意力逐渐转向自己的内部世界。这时向内部世界的转移是由青年内在的性本能萌动所致，青年在这个时期一下子落入了暴力性的不安之中，因而有所谓青年的反抗、蛮横、怠慢、见异思迁、冷淡等心理表现，他们不但否定了外在世界，也否定了自己。汤氏将青春期称为"否定期"。这一时期的青年人，怀疑一切，否定一切，被称为"孤独的、骚动的青春一族"，行为上自然是"虚无主义"。

（3）富贵病

多见于社会的"款爷"和"富豪"。由于他们的身份与地位较为显赫，也带来了一些意想不到的烦恼。例如对生活的厌倦、对孤独的感慨、对财富与生命安全的忧虑等。为了解除这些烦恼，有些人不是将财产投入再生产，而是在享乐中寻找刺激，在刺激中寻找欢乐，这也是一种空虚行为。

（4）"混日子"

这是一种很常见的病态行为，所谓"混"就是随大流，得过且过，不求有功但求无过，做一天和尚撞一天钟。实际上就是无远大理想，把社会责任推诿给别人，自己则老等"天上掉下馅饼"，坐享其成，"混混儿"心理自然也是空虚的。

由于精神空虚，一损国家，二害集体，三害自己，必须见其危害，通过社会努力与自我调适加以克服。

4. 空虚心理的自我调适

根据空虚心理产生的原因，只要个人主观努力，进行积极的自我心理调适，精神空虚是可以克服的。

（1）对社会存在抱有一种较为现实的认识

社会是由许多组织、群体、个体组成的，社会的跨地球性、跨时空性，决定了它存在着许多亚文化。主体文化与亚文化构成了社会形态的多元化、复杂化。换言之，社会既有积极的方面，也有消极的方面。这就要看主流、看社会发展的方向，绝不能以偏概全，只看到社会的消极面，从而不求上进、萎靡不振，而应通过学习，提高思想觉悟，接受现实，正视现实，改造现实。

（2）磨练意志，提高战胜挫折的心理承受能力和把握自己命运和行为的能力

"不以物喜，不以己悲"，做事要有恒心，做人要有理想与抱负，正确对待失误与挫折，在逆境中锻炼成长。顺境中的人们也要有更高层次的追求，不能只停留在经济追求与享乐上。

（3）多读名人传记

以名人的奋斗史作为人生的楷模，正确认识自我，不时反思自我，记录自我的人生轨迹与心理变化轨迹。从中感悟人生的奥秘，了解困惑与抉择的得失，理想与现实的差距，从而确立一种"积极有为"的人生哲学，除去无精神追求的心态。

（4）积极参与社会实践

实践长才干，实践出成绩。成绩能强化个人价值，满足个人的自尊、自爱、自信的需要。有成就动机与自我实现的高层次需求，从而为个体行为不断增添新的动力。同时，全社会都要关心和保护儿童与老人的合法权益。

（5）运用音乐来调节个体的情绪和行为。

节奏鲜明的音乐能振奋人的情绪，军乐曲、进行曲能使人斗志昂扬、情绪高涨，而旋律优美悠扬的乐曲能使人情绪安静而轻松、愉快。如轻音乐能使人增加生活的乐趣和了解生活的意义，从而增进人们对生活的能动性和自信心。

对较严重的精神空虚症可以采用音乐式的自我心理疗法。

六、压抑心理

1. 压抑的涵义与特点

压抑，按《辞海》解释，"压"为积压，应该送出的东西搁置不发；"抑"为抑制、控制约束，使不能为所欲为；还有一义指"抑抑"，即郁郁不乐。陈良《寄题陈同甫抱膝亭》诗曰："此意太劳劳，此身长抑抑。"压抑是一种较为普遍的病态社会心理。心理学上专指个人受到挫折后，不是将变化的思想、情感释放出来，转出去，而是将其抑制在心头，不愿承认烦恼的存在。压抑能起到减轻暂时焦虑的作用，但不是完全消失，而是变成一种潜意识，从而使人的心态和行为变得消极和古怪起来。

心理压抑有如下特点：

（1）内指性

当个体与外界现实发生矛盾时，个体不是积极地调整与外界的关系，

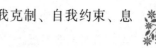

而是退缩、回避矛盾，退回到个人的主观世界，自我克制、自我约束、息事宁人，以求得心灵上的安静。

（2）消沉性

回避矛盾不等于解决矛盾，只要矛盾存在，就不可避免地使个体体验到不愉快的情感。这种感情与日俱增，逐渐使整个心理消沉下去，心理压抑者自我感觉往往是不好的。

（3）潜意识性

受挫的思想与情感压抑在心头，久而久之，就会转化为潜意识。潜意识又支配人的需求和动机，例如一个事业上屡遭失败的人很想干一件一鸣惊人的事情，如制造一出事端等；又如越是禁止的事物，人们越是想去打听其奥秘等等。心理压抑与自我克制不同。自我克制是在理智支配下，在一定场合对自己的情绪、行为作适当的控制，这是人适应环境的一种行为表现。而心理压抑则是无论在什么场合下，对自己的情绪、思想、行为所做的过分的压制，其结果往往导致行为的异常。因此有必要对压抑的成因作进一步的分析。

2. 压抑心理的成因分析

压抑心理源于外部环境，也有个体自身的原因。从外部环境来讲，如果个体与环境不协调，有过多的挫折感，就可能产生压抑心理。这主要表现在三个方面：

（1）行为规范的影响

行为规范是调节、约束个体行为的行为准则。如果行为规范太多，过于严厉或者规范与个体的接受程度差距甚远，个体就易产生压抑感。例如，有些社会对妇女有许多清规戒律；有些家长过分地管教孩子；有些单位与部门对下属有过高的要求，都会使其产生压抑心理。

（2）工作学习与生活上的压力

人活于世必然要进行工作、学习、生活等实践活动，若这种实践与人的能力相适应，个体就能取得预想的成绩，就有成就感；若人的能力不能承担这些实践任务，或者长期超负荷地工作、学习、生活，不堪重负，个体就可能感到痛苦与压抑。如有的学生面对繁重的学习负担，成绩下降，就会感到压抑消沉。

（3）紧张的人际关系

人际关系指人与人之间的心理距离。人有合群性，希望自己能被他人接纳。亲密的人际关系能增强人的自信心，满足人的社交需求；而紧张的人际关系使人的精神与社会方面的需求不能得到满足，个人的志向处处受挫，或"怀才不遇"，或遭人冷遇，自然会产生孤独无援的感觉。结果可能导致个体采取回避现实的行为。

从主观原因来看，有以下情况易产生压抑心理。

（1）个体的某些身心条件较差

如生来长得丑陋，有生理缺陷，或者才能不及人等，都可能引起他人的讥讽与嘲笑。在他人的消极评价中，个体极易产生自卑感、自我否定感。有些人可能加倍努力，化压力为动力；有些人则可能感到压抑和痛苦，变得自我封闭，自暴自弃。

（2）某些气质与性格更可能产生压抑感

气质是人的高级神经活动类型。按心理学上的说法，人有四种典型气质，即胆汁质（外向、过于兴奋）、多血质（外向、灵活）、黏液质（内向、安静）、抑郁质（内向、过于抑制）。根据气质的特点，属抑郁质的人具有敏感、多愁善感的特点，对同一事物，他们的压抑感可能要比其他气质的人更明显。性格是人对客观事物的态度和行为模式，一般而言，外向性格的人遇事往往用情感将它表现出来；内向性格的人则常常把感情压抑在内心，其中消极的情感会转化为压抑感。可见调整改造个人的性格、气质对克服压抑感是十分必要的。

3. 压抑心理的行为表现及其危害

压抑心理是一种较为普遍的病态社会心理现象。它存在于社会各年龄阶段的人群中，它与个体的挫折、失意有关，继而产生自卑、沮丧、自我封闭、焦虑、孤僻等病态心理与行为。挫折与压抑感之间互为因果，形成一个恶性循环圈。一般而言，压抑心理的行为表现有以下几个方面：

（1）忧郁

主要表现在：忧心忡忡，失眠、易疲劳，精神不能集中，性格孤僻、自我封闭、不合群，个人感到自己存在的价值不大，对前途失去信心，感到外部压力太大，情绪低落，自惭形秽，手足无措等。

（2）厌倦

对任何事都失去信心，打不起精神，懒得和人讲话；工作、学习、生活的效率急剧下降；不愿承担社会工作和义务；成就动机下降等。

（3）优柔寡断

由于缺乏自信，导致意志薄弱，做事无主见、不果断，做决定犹豫不决，没有敢为天下先的魄力与勇气等。

（4）社交障碍

由于心情消沉，不愿多与人打交道，表情呆板，少有笑言，敏感，戒备提防他人，生怕被人抓住把柄，知心朋友越来越少。

（5）躯体化焦虑

由于将消极情绪压抑在内心，个体的焦虑感会明显增强，自我感觉不好，焦虑又常以躯体不适表现出来，如头痛、肠胃不适、疲倦等；有的则以暴饮暴食的方式去摆脱压抑感，结果导致肥胖症。

（6）改变行为

被压抑的情绪与思想，有些会转化为潜意识，潜意识又会以动机的形式，驱动某种行为。越被压抑的情绪、思想，越可能在适当的时候以改头换面的方式表现出来，如一个学生在学习上遭到挫折，他的成功感受到压抑，则可能在另一种场合去表现自己，或爱好文体活动，也可能以恶作剧来释放能量，表现自己。

精神压抑使人感到有心理上的压力，个体将某种情绪、思想转化为潜意识，潜意识是人的原始冲动，是支配所有行为的根源。精神分析大师弗洛伊德将潜意识分为"生的本能"与"死的本能"。前者是有建设性的、积极的、向上的、能变压力为动力，后者是破坏性的、消极的、冲动的，它可能使人做出越轨的、不道德行为，也可能导致个体人格畸变。我们要认识压抑心理的危害性，做好自我心理调适工作。

4. 压抑心理的自我调适

（1）要正确面对社会现实

要知道社会是一个由多元子系统组成的大系统；社会有光明，也有阴暗面；世上有好人，也有坏人。看待社会不能过于理想化，要看到社会成员之间实际上存在不平等的地位和待遇上的差距。人与人不能互相攀比，不能用自己的标准去衡量社会的公平性，而应正视社会，承认差别，努力去缩小与别人的差距。

（2）要正确看待自己

遇到挫折，应先从自己的主观方面去寻找原因。"勤能补拙"，用自己的勤奋特长去弥补不足之处；坚信"人无完人"，每个人都有长短处，只要积极有为，长善救失，"天生我材必有用"；要停止自我比较，不要担心不如别人，要自己接受自己，确立一种自强、自信、自立的心态。

（3）多读些圣贤哲理与名人传记

圣贤名人之所以成功，就是因为他们能从挫折中走出来。人的一生会遇到许多挫折，如何战胜挫折，到达成功的彼岸？圣贤们的思想与足迹能予以我们许多启示。孔子讲学"三虚三盈"，但他不气馁，不断努力，终于培养出"三千弟子"。南非总统曼德拉为反对种族歧视坐牢26年，终于取得斗争的胜利，这些都能给人以希望和勇气。

（4）积极做些富有建设性的工作

压抑会产生厌倦、懒惰的行为。越是懒于动手做事的人，越容易发生心理危机。为了与懒惰做斗争，不妨列出一个工作、学习、生活日程表，包括早练、读书、写作、交友、上街、娱乐等。不论大小事情都列入其中，并认真、专心地去做。假如没有心情编计划，只要先行动起来就够了，你不必等到想做事的时候才开始，因为你没有做事的欲望，可能永远也懒得动。一旦你成功地完成了一项工作，心里就会踏实得多。

（5）主动帮助别人，乐于助人

如果心理压抑者通过志愿性的工作，如社区服务或帮助邻居行动不便的老人购物，心情就会好些。你会发现只要有同情心，能够理解别人，对社会也是有价值的。

（6）让快乐进入你的生活

许多沮丧的人放弃了他们最喜爱的业余活动，这只会让事情弄得更糟。为了扭转你目前的心情，不妨每天做些激烈的活动，多参加社交活动，如朋友联欢会、聚餐或看电影等。

让微笑常写在你脸上。心理学家通过深入的研究发现，行为能够影响情绪。当你感到压抑时，不要拖着双脚垂头丧气地走路，要像风一样疾走；不要躬着背坐着，而要挺直身子；不要愁眉苦脸，要露出笑脸。这样做本身就能够让你感觉良好。

（7）坚持锻炼身体

英国教育家斯宾认为"健康的人格寓于健康的身体"。有许多精神压抑者通过体育锻炼，出一身汗，精神就轻松多了。科学家认为，呼吸性的锻炼，例如散步、慢跑、游泳和骑车等，可使人信心倍增，精力充沛。因为这些行动让人机体彻底放松、从而消除紧张和焦虑的心情。

（8）回归自然

当你精神压抑时，可漫步于田间地头，跋涉于山河之间，看春华秋实，听蝉鸣鸟啼，置身于大自然的怀抱。因此产生许多联想与灵感，悟出人生哲理，以调适自己的不适心态。

七、病态怀旧心理

1. 病态怀旧的涵义与特点

"怀旧"一词，《辞海》解释为，追念古昔、怀念旧友。杜甫《秦赠萧二十使君》诗曰："结欢随过隙，怀旧益沾巾。"怀旧是一种常见的心理现象，例如思念故乡、故人，"举头望明月，低头思故乡"，"月是故乡明"。对故土的思念能激发人的爱国热情，南宋爱国诗人陆游80岁时仍盼回到故土，写下了"王师北定中原日，家祭无忘告乃翁"的著名诗句。

但是社会中还有一些人以另一种方式怀旧。他们认定今不如昔，生活在今天，而志趣却滞留在昨日，一言一行与现实生活格格不入，宛如塞万提斯笔下的堂·吉诃德生活在当代，却要以古代武士自居，行侠于天下，结果处处碰壁。这种怀旧称之为病态社会心理现象。

病态的怀旧行为有如下特点：

(1) 不合时宜

有些服饰、装束、语言、物体过去风靡一时，现在已不合潮流，但仍然保持过去的做法。如清朝已亡，仍有人留着清代发辫；解放后用公历，但仍称民国××年；"文革"已过，仍讲"文革"式的语言。因为不合时宜，故被称为"古董"、"怪物"。

(2) 对社会抱有偏见

偏见是一种心理定势和社会心理刻板印象。认识上极端保守，如同"九斤老太"，总是抱怨一代不如一代，对新生事物看不惯，崇尚传统，尤其反对任何形式的变革。

(3) 回避现实

病态怀旧者不满现状，又无能为力，大多采取回避现实的态度，"眼不见心不烦"，不看报、不学习，怀疑与否定一切。常常是社会变革的反对者，也是社会生活的不适应者。

(4) 普遍性与差异性

病态怀旧存在于各个年龄阶段，但表现形式有所不同。儿童的怀旧多见于人格滞留，虽说已到了上学的年龄，但仍依恋母亲的怀抱和摇篮，渴望处处得到父母的保护，缺乏主动性与独立性；青少年的怀旧大多是因为生活环境急剧变化，他们本可以享受更多的自由，又对这种突如其来的自由感到恐惧与不安；中老年怀旧是回避现实，对社会存有偏见、不合时宜。

2. 病态怀旧心理产生的原因

病态怀旧心理的产生有社会原因，也有主观因素。从社会原因来看：

(1) 主要是社会变迁

由于社会结构与阶层发生了重大变化，社会资源与利益重新分配组合，社会地位与经济利益受到冲击的那部分人，极易产生失落感，但又无能为力，只能通过怀旧的方式来表达对现实的遗憾。

（2）居住环境的变化

随着现代文明和大都市的大规模崛起，原有的生活环境在无情地解体。在大城市的人们告别了四合院、胡同、里弄，但又被困在钢筋水泥的框架中；在乡村，诗篇一样的田野不断被公路、铁路吞噬；工业污染了大地；电视使世界和人们接近，却又使人们的心灵彼此疏远。这一切都使一些人感到不适与恐惧。

从主观方面看：

（1）怀旧实质上是一种对现实生活的躲避和遁逃

怀旧是一种特殊的机制，它把我们所不想回忆的痛苦和压抑隐藏了、忘却了，以至于我们自己永远不会再想起。而另一方面，它又把我们过去生活中美好的东西大大强化了、美化了，以至于人们在几次类似的回忆后把自己营造的回忆当作真实。

（2）怀旧起源于个人的失落感

失落导致回首，以寻找昔日的安宁与情调。

3. 病态怀旧心理的表现及其危害

其主要表现有：

（1）依恋过去的事物

过多地保存大量的旧照片、旧服装、旧书、旧报纸；给孩子取旧时代的名字。

（2）依恋过去的友人

现在有人十分热衷搞同乡会、同学联谊会。有一位老作家，天天在家打电话，说是与校友联系，这包括幼儿园园友、小学校友、中学校友、大学校友……如今他是七个校友会的会员。

（3）依恋过去的经历

"好汉不提当年勇"，可是有的人很看重过去所取得的功绩，时常追忆当年辉煌的经历。相比之下，现在这荣誉的光环正逐渐在消失，心里时常有失落感。一些幼年受溺爱或早年生活丰厚的人也有同样感觉。在怀旧中寻找童稚与宁静本无可厚非，但因怀旧而导致今不如昔的感受就有危害了。病态的怀旧行为阻碍个体适应环境，对社会变革产生阻力，在人际交往中能做到"不忘老朋友"，但难以做到"结识新朋友"，个人的交际圈也大大缩小。有病态怀旧行为的人很难与时代同步，这有碍于他们自身的进步与发展，应进行适当的调节。

4. 病态怀旧心理的自我调适

（1）要积极参与现实生活

如认真地读书、看报，了解并接受新生事物，积极参与改革的实践活动，要学会从历史的高度看问题，顺应时代潮流，不能老是站在原地思考问题。

（2）要学会在过去与现实之间寻找最佳结合点

如果对新事物立刻接受有困难，可以在新旧事物之间找一个突破口。例如思考如何再立新功再造辉煌，不忘老朋友发展新朋友，继承传统厉行改革等。从新旧结合做起。

（3）充分发挥正常怀旧心理的积极功能

正常的怀旧有一种寻找宁静、维持心灵平和、返璞归真的积极功能。这方面的功能多些，病态的、消极的心态就会减少。因此，也不应对怀旧行为一概反对，正常的怀旧还是要提倡的。

八、迷信心理

迷信是当今社会仍有市场的病态社会心理，它是反科学的愚昧心态与行为，必须加以制止。

1. 迷信心理产生的原因

这要从社会与个体自身两个方面来分析。我们主要从个体因素来看：

（1）迷信与人的素质有关

迷信是无知愚昧的产物。我国有 2 亿多文盲与半文盲，当他们在生活中遭到挫折、困难时，为追求心理平衡，而选择了迷信这种非理性方式。他们试图通过迷信寄托自己受折磨的心灵，试图通过迷信来改变自己的不幸，试图通过迷信得到好运；同时，有的人则通过制造迷信来图钱财谋私利。

（2）迷信与人的需求有关

迷信是人因缺乏某项事物而存在的主观状态，需求是行为的原始动力。按心理学家马斯洛的说法，人有生理、安全、社交、尊重、自我实现等层次的需求，需求指向一定的目标，当某个目标受阻时，这种需求将变得更为强烈。如人有健康的目标，成才的目标，求职就业的目标，恋爱成家的目标……如果这些目标不能实现，有些人则可能"病急乱投医"，去寻求鬼神的庇护。

（3）迷信与人的错误推理有关

推理是人们从因推出果或由果归因的思维活动。自然界、社会中许多事物间本来就存在着因果关系与时空关系，它们的存在本是客观的，是不以人的意志为转移的。但是迷信者却以主观意识去推导或解释客观现象，将自然界的偶然巧合说成是鬼神的安排，如某人被雷电击毙，这本是自然界的一种偶然事故，却被人说成是命中注定，是做了恶事所致。

2. 迷信心理的表现及其危害

（1）操纵者察言观色，以假乱真

算命、占卜、相面、堪舆、拆字、扶乩、规草、九宫是迷信操纵者常施用的手法。算命先生多是下九流的江湖术士，他们故弄玄虚，善于应变，牵强附会，有极大的欺骗性。

（2）受骗者轻信、受骗、上当

去算命占卜的人，多半是愚者、失望者、颓唐者、弱者。他们对自我认知本身就是模糊和不确定的，因而往往希望能从算命者毫无根据的判断中找到与自我预期相一致的经验证据，并依此建构新的自我认知。他们总希望所占卜的人或事有一个好的结果，即使明知不可而为之的，仍希望绝处逢生，喜欢听好话。另外他们抱着"心诚则灵"的心理定势，对算命的结果非常相信，认为"死生由命，富贵在天"，轻易屈服于命中注定，做自然的奴隶。如果有人表示怀疑，算命先生就以"心诚则灵"和"信不信由你"来应付，既可掩讹藏拙，又可转攻为守，使来算命的人不敢怀疑。

（3）"神鬼附体"的病态心理

"神鬼附体"是指"神鬼"依附在某人身上，某人代神鬼讲话。这里有两种情况：①"假附体"。多见于巫师作法装神弄鬼，以达到某种目的。太平天国东王杨秀清就曾借天主附体来挟制大王洪秀全。②"真附体"。其人进入精神病态，又唱又闹，自称死人显灵并附入体内，用死人身份及口气命令他人下跪、烧香，这样的人已进入妄想状态，精神医学上称之为"人格转换或着魔妄想"症。发病的原因主要为，有根深蒂固的迷信观念，发病时又失去自控能力；多为癔病人格的人，有大量的幻觉与错觉，认为自己"活见鬼"。

（4）迷信的从众心理

迷信活动在一些地方是众人参与的活动，如跳大神、结阴亲等，其中操纵者只是一小撮，绝大多数人所贡献的是一种随大流看热闹的从众行为。从众是一种缺乏独立思考的行为，但是由于个体之间相互模仿、感染、认同、暗示，使得一些本不存在的事物变得像真的一样，操纵者就可轻易摆布从众的人们。

迷信的矛头直接指向科学，直接阻碍着整个社会的进步。"在人类心灵中建立一种非理性的专制暴政"，对人的心灵发展也是一种腐蚀。反对迷信，解放思想是永远的话题。

3. 迷信心理的自我调适

要破除迷信，从个人的角度来讲，要做到：

（1）认真学习科学文化知识，不断提高自身文化素质。无知是迷信的基础，科学是战胜迷信的有力武器。在现代社会中，真正信迷信的人多半是文化程度不高的农民、妇女。要解除迷信，首先就要以科学的知识武装自己，知识能帮助人战胜愚昧，由自发走向自觉。

（2）树立唯物论的坚定信念，做一个意志坚强的人。世上也有一些文化人信迷信。主要原因是没有确立坚定的唯物史观，意志薄弱，看不到事物的发展规律。因此，我们不仅要学习科学文化知识，还要认真学习辩证唯物主义，树立唯物主义世界观，磨炼意志，不做随大流的人。

（3）培养自身健康向上的业余爱好。例如体育锻炼、跳交际舞、钓鱼、下棋、弹琴、书法等。业余爱好多，既能陶冶性情，充实人生，又能抵御迷信活动的侵蚀，可谓一举两得。

九、浮躁心理

1. 浮躁的涵义与特点

"浮躁"一词，《辞海》解释为轻率、急躁。相近的词语还有狂躁、躁动、躁郁。浮躁指轻浮，做事无恒心，见异思迁，不安分，总想投机取巧，成天无所事事，脾气大。

浮躁是一种病态心理表现，其特点有：

（1）心神不宁。面对急剧变化的社会，不知所为，心头无底，慌得很。对前途无信心。

（2）焦躁不安。在情绪上表现出一种急躁心态，急功近利。在与他人的攀比之中，更显出一种焦虑的心情。

（3）盲动、冒险。由于焦躁不安，情绪取代理智，使得行动具有盲目性，行动之前缺乏思考，只要能赚到钱，违法乱纪的事情都会去做。这种病态心理也是当前犯罪违纪事件增多的一个主观原因。

2. 浮躁心理产生的原因

（1）从社会方面上讲，主要是社会变革对原有结构、制度的冲击太大。我国目前正处在社会转型期，一些原有体制正在解体或成为改革的对象，而新的制度相应地又尚未建立起来。在这种情况下，个人就很难对自己的行为进行预测，很难把握自己的未来。同时，伴随着社会转型期的社会利益与结构的大调整，有可能使一部分原来在社会中处于优势的人"每况愈下"，而原来在社会中处于劣势的人反而高了起来。每个人都面临着一个在社会结构中重新定位的问题，即使是百万大款也不能保证他永远挥洒自如。那些处于社会中游状态的人更是患得患失，战战兢兢，在上游与下游两个端点间做文章，于是，心神不宁、焦躁不安、迫不及待就不可避免地成为一种社会心态。

（2）从个人主观方面来看，个人间的攀比是产生浮躁的直接原因。"人比人，急死人"，通过攀比，对社会生存环境不适应，对自己生存状态不满意，于是过火的欲望油然而生。在拜金主义、享乐主义、投机主义所荡涤的躁动化的社会心态驱使下，不少人更多的只有一个目标：为金钱而奋斗。但奋斗又缺乏恒心与务实精神，缺乏对自己的智力与发展能力的准确定位，因而使人们显得异常脆弱、敏感、冒险，稍有诱惑就会盲从。

3. 浮躁心理的行为表现及其危害

（1）炒股票、期货、房地产

浮躁者炒股票、期货的方法缺乏理智与思考，更多的是情绪与盲从。结果资金往往被套牢；期货、房地产坐等行情上扬，结果事与愿违。"炒"的特点是投机。由于是一种短期行为，炒家缺乏整体考虑，失败的为多数，但越亏越想收回成本，导致恶性循环。

（2）跳槽

跳槽指离开原有单位，到社会另择高枝。跳槽者的心态，无非是以下情况：①学非所用，专业荒废；②人浮于事，时光虚度；③入不敷出，心理失衡；④好高骛远，不切实际。"人往高处走，水往低处流"，如果英雄无用武之地，果断"跳槽"也无可厚非。但是现在有许多人跳槽是冲着工资、待遇而来。"这山望着那山高"，缺乏奉献精神。有的人频频跳槽，以此来抬高身价。这不仅给用人单位的发展带来损失，而且对个人成才极为不利，使宝贵的年华在疲于换工作中白白地浪费掉了。

（3）摸奖

眼下一些经营者为了争取顾客与资金，用摸奖的方式来促销。"买一送一"、"有奖销售"随处可见，这种经营方式，迎合了大众投机的浮躁心理。

但由于摸奖经营不规范，且摸奖金额比例大于盈利率，许下的诺言往往无法兑现，造成一系列的社会纠纷。

（4）文身刺字现象

文身刺字是当前一些青少年中比较多见的一种病态行为。文身刺字本是流行于民间的一种陋习，适合于社会下层极少数人的心理需要，它与旧社会中的愚昧、落后、消极、野蛮、迷信现象和意识联系在一起。解放后此陋习已很少见，如今，其沉渣又泛起，有些地方出现代人刺字文身的个体人员。少数青少年年幼无知，缺乏审美能力，出钱请人在身上、手上乱刺，或者相互刺字，追求一时的"豪气"。这是一种心理不成熟而导致的轻浮、盲从的行为。

浮躁是一种冲动性、情绪性、盲动性相交织的病态社会心理，它与艰苦创业、脚踏实地、励精图治、公平竞争是相对立的。浮躁使人失去对自我的准确定位，使人随波逐流、盲目行动，对组织、国家及整个社会的正常动作极为有害，必须予以纠正，但还得靠全社会的努力。

4. 浮躁心理的自我调适

（1）在攀比时要知己知彼

"有比较才有鉴别"，比较是人获得自我认识的重要方式，然而比较要得法，即"知己知彼"，知己又知彼才能知道是否具有可比性。例如，相比的两人能力、知识、技能、投入是否一样，否则就无法去比，得出的结论就会是虚假的。有了这一条，人的心理失衡现象就会大大减低，也就不会产生那些心神不宁、无所适从的感觉。

（2）开拓当中要有务实精神

改革需要有开拓、创新、竞争的意识，但是也要有持之以恒、任劳任怨的务实精神。务实是"实事求是、不自以为是"的精神，是敬业爱岗的境界。务实是开拓的基础，没有务实精神，开拓只是花拳绣腿，这个道理是人人应弄懂的。

（3）遇事要善于思考

不能崇尚拜金主义、个人主义、盲从主义，考虑问题应从现实出发，不能跟着感觉走，不能做违法违纪的事，要看到命运就掌握在自己手里，道路就在脚上，看问题要站得高、看得远。切实地做一个实在的人。

十、虚荣心理

1. 虚荣心理

"虚荣"一词，《辞海》释为表面上的荣耀、虚假的荣誉。虚荣最早见于柳宗元诗："为农信可乐，居宠真虚荣。"心理学上认为，虚荣心是自尊心的过分表现，是为了取得荣誉和引起普遍注意而表现出来的一种不正常的社会情感。虚荣心有以下特点：

（1）普遍性

虚荣心是一种常见的心态，因为虚荣与自尊有关。人人都有自尊心，当自尊心受到损害或威胁时，或过分自尊时，就可能产生虚荣心。如珠光宝气招摇过市、哗众取宠等。

（2）虚荣心是为了达到吸引周围人注意的效果

为了表现自己，常采用炫耀、夸张，甚至戏剧性的手法来引人注目。如用不男不女的发型来引人注目。

（3）虚荣心与赶时髦有关系

时髦是一种社会风尚，是短时间内到处可见的社会生活方式，其制造者多为社会名流。虚荣心强的人为了追赶偶像、显示自己，也模仿名流的生活方式。

（4）虚荣心不同于功名心

功名心是一种竞争意识与行为，是通过扎实的工作与劳动取得功名的心向，是现代社会提倡的健康的意识与行为。而虚荣心则是通过炫耀、显示、卖弄等不正当的手段来获取荣誉与地位。

虚荣心很强的人往往是华而不实的浮躁之人。这种人在物质上讲排场、搞攀比；在社交上好出风头；在人格上很自负，嫉妒心重；在事业上无踏实作风。因而虚荣心是一种病态社会心理。

2. 虚荣心产生的原因

从社会方面分析，主要有：

（1）社会阶层及地位的影响

由于社会存在不同的阶层，各阶层所占有的资源比重又不同，就促使某些人想进入社会高阶层，或占有较多的社会资源，如果因种种原因不能达到这个目的，个人的自尊受挫，就会启动自我调节机制，即通过虚荣心来达到心理平衡。例如，某人社会地位不高，她就可能在手指上戴四个金戒指，以显示其经济实力，从而补偿自己的社会地位。

（2）中国几千年来沉积的社会文化的影响

如"学而优则仕"、"光宗耀祖"、"出人头地"、"衣锦还乡"等心理观念，促使一些人通过自我拔高，印象整饰等手段在故里或社会上显示自己。

从个体心理方面分析，有以下原因：

（1）面子观念的驱动

多年前，林语堂先生在《吾国吾民》中认为，统治中国的三女神是"面子、命运和恩典"。"讲面子"是中国社会普遍存在的一种民族心理，所谓"面子"，是一种社会地位，是达到社会所认可的成就而获得的声望。面子行为反映了中国人尊重与自尊的情感和需要，对面子的珍惜和爱护是昭示和维护自己荣誉、身份、地位的直接表现。每一个中国人从小就受到维护面子的心理训练，丢面子就意味着否定自己的才能，这是万万不能接受的，于是有些人为了不丢面子，通过"打肿脸充胖子"的方式来显示自我。

（2）与戏剧化人格倾向有关

爱虚荣的人多半为外向型、冲动型，反复善变、做作，具有浓厚、强烈的情感反应，装腔作势、缺乏真实的情感，待人处事突出自我、浮躁不安。

（3）虚荣心的背后掩盖着的是自卑与心虚等深层心理缺陷

具有虚荣心理的人，多存在自卑与心虚等深层心理的缺陷，只是一种补偿作用，竭力追求浮华，以掩饰心理上的缺陷。

3. 虚荣心的行为表现及其危害

（1）物质生活中的虚荣心行为

主要表现为一种病态的攀比行为，其信条是"你有我也有，你没有我也要有"。有些人即使债台高筑，也要打肿脸充胖子，与他人比吃、比穿、比用、比收入，当官的则比轿车、比住房、比待遇、比级别……就是不比贡献。一般人家在操办红白喜事时，讲排场、摆阔气；在住房装修中，比豪华气派；在生活消费中，大手大脚，甚至借贷消费，以求得周围人的赞赏与羡慕。

（2）社会生活中的虚荣心行为

主要表现为一种病态的自夸炫耀行为，通过吹牛、隐匿等欺骗手段来过分表现自己。例如有的人吹嘘自己是××要人的亲戚、朋友，自己是××家、××长、有××大作，有××专利，自己的儿女如何孝顺、如何有出息，或者对子女抱有高期待，施以高压。有的人在名片上冠以夸大不实的头衔、职称等；有的人将自己的某些短处隐匿起来，或以李代桃、偷梁换柱，欺世盗名。这种情况已漫延到一些单位、部门乃至社会生活的各个方面，总之，在真实的层面上制造一层炫目的"光环"，使你真假难辨，而虚荣者从中得到极大的心理满足。

（3）精神生活中的虚荣心行为

主要表现为一种病态的嫉妒行为。虚荣与自尊及脸面有关，自尊与脸面都是在社会互动中才能得以实现的。通过社会比较，个体精神世界中逐步确立起一种自我意识，自我意识又下意识地驱使个体与他人进行比较，以获得新的自尊感。"尺有所短，寸有所长"，有虚荣心的人是否定自己有短处的，于是在潜意识中超越自我，又嫉妒冲动，因而表现出来的就是排斥、挖苦、打击、疏远、为难比自己强的人，在评职、评级、评优中弄虚作假。

虚荣心是一种为了满足自己对荣誉、社会地位的欲望，而表现出来的不正常的社会情感。有虚荣心的人为了夸大自己的实际能力水平，往往采取夸张、隐匿、欺骗、攀比、嫉妒甚至犯罪等反社会的手段来满足自己的虚荣心，其危害很大，因此有必要克服虚荣心。

4. 虚荣心的自我调适

（1）树立正确的荣辱观

即对荣誉、地位、得失、面子要持有一种正确的认识和态度。人生在世要有一定的荣誉与地位，这是心理的需要，每个人都应十分珍惜和爱护自己及他人的荣誉与地位，但是这种追求必须与个人的社会角色及才能一致。面子"不可没有，也不能强求"，如果"打肿脸充胖子"，过分追求荣誉，显示自己，就会使自己的人格受到歪曲。同时也应正确看待失败与挫折，"失败乃成功之母"，必须从失败中总结经验，从挫折中悟出真谛，才能自信、自爱、自立、自强，从而消除虚荣心。

（2）在社会生活中把握攀比的尺度

社会比较是人们常有的社会心理，但要把握好攀比的方向、范围与程度。从方向上讲，要多立足于社会价值而不是个人价值的比较，如比一比个人在社会建设和发展中的地位、作用与贡献，而不是只看到个人工资收入、待遇的高低。从范围上讲，要立足于健康的而不是病态的比较，如比实绩，比干劲，比投入，而不是贪图虚名，嫉妒他人，表现自己。从程度上讲，要从个人的实力上把握好比较的分寸，能力一般的就不能与能力强的相比。

社会比较的尺度要由个人的价值观、人生观及世界观来控制，完善人格是正确进行社会比较，克服虚荣心的最好方法。

（3）学习良好的社会榜样

从名人传记、名人名言中，从现实生活中，以那些脚踏实地、不徒虚名、努力进取的革命领袖、英雄人物、社会名流、学术专家为榜样，努力完善人格，做到"实事求是、不自以为是"。

（4）对不良的虚荣行为进行自我心理纠偏

如果个人已出现自夸、说谎、嫉妒等病态行为，可以采用心理训练的方法进行自我纠偏，这种方法源于条件反射的负强化原理，即当病态行为即将或已出现时，给自己施以一定的自我惩罚，如用套在手腕上的皮筋条反弹自己，以求警示与干预作用。久而久之，虚荣行为就会逐步消退，但这种方法需要本人超人的毅力与坚定的信念才能收效。

十一、定势错位

1. 定势错位的涵义与特点

定势又叫心向，即由一定的心理活动所形成的准备状态，影响或决定同类后继心理活动的趋势或形成的现象，也就是人们按照一种固定的倾向去反映现实，从而体现出心理活动的趋向性、专注性。定势存在于各种心理活动之中，社会的定势能反映出心理活动的稳定性和前后一致性。如人们可以根据以往生活的经验定势，较好地进行常规的工作与学习。但是有些人却在社会生活中表现出另外一种心向，即对已经是很熟悉的情况或人反而变得很不熟悉了。这种情况我们称之为"定势错位"。它是一种病态社会心理现象，有以下特点：

（1）以新的定势取代旧的定势。即对同一事物以新奇的心向取代了原有的心向。

（2）错误的逻辑推理。遇事不是从常规去思考，而是从反常的方面去推理。例如，在火车站，有两个青年志愿者去帮一位大爷扛行李，这位大爷却认为他们是歹徒，不愿让他们"做好事"。他认为不会有无缘无故做好事的人，这其中一定有诈。

（3）与社会风气有关。存在决定意识。定势作为一种思维活动方式，来源于现实生活经验，个人通过耳闻目睹，对社会现实形成一种较为固定的看法。如果社会风气纯正，他的心向便倾向于相信人、帮助人；如果社会丑恶现象太多，他就可能感叹"人心不古"，对他人持戒备心向。

（4）定势要受到价值观的控制与调节。价值观是个体关于客观事物的观点与信念。它决定和影响着个体的态度与行为，自然也要制约心理定势。一个人对人生持有乐观态度，对社会抱有希望，哪怕出入污泥也会"一尘不染"。因此，心理定势实际上是人生观、价值观的折射，定势错位与价值观的错位密切相关。

2. 定势错位产生的原因

定势错位是一种社会病态现象，也是个体的病态心理活动，它产生的原因从社会的角度而言有：

（1）社会阴暗面

社会生活中目前还存在着腐败、堕落、犯罪、欺诈、虚假的现象与行为。这些社会毒瘤，在社会的各个角落散发着霉气，污染着社会环境，侵蚀着人们纯洁的心灵。假货、假药、假人、假话……时有发生，人们在社会生活中也逐步总结了一些反面经验，以倒错的眼光来看世界，于是就出现了定势错位的现象。

（2）向金钱看齐

在当前市场经济驱动下，在技术、资金方面与先进地区联合，这对不发达地区来讲是一种需要，可以大大促进它们的经济发展。但是在改革开放中，有的人放弃自身的优势与良好传统去迎合某些海外口味。这也可以视为一种定势错位。

从主观上看，个体的推理错误是定势错位的主要原因。推理是由原因推断结果或由结果归纳原因的思维方式，推理源于认识，认识错误导致推理错误。

首先，社会是个大系统，其中包含若干子系统，就社会存在而言，社会发展的主流是好的，国家与人民在改革开放中都是受益者，不改革没有出路。但就局部而言，还存在一些社会丑恶现象，有些人分不清主次，以偏概全，对客观现实作出错误推理。

其次，个体的社会经历也是定势错位的原因。短视、媚俗、媚外的价值观也会导致个体丧失立场、降低道德水准、颠倒是非，去迎合一些与现状相悖的观念与行为，出现道德定势、心理定势、行为错位的病态社会心理现象。

3. 定势错位的表现及其危害

（1）道德定势错位

道德是调节社会成员关系的行为规范。马克思认为，社会的前进总是要以牺牲一部分传统道德为代价的。马克思所指的是牺牲一部分，而不是全部，但是当前有些道德的牺牲或道德定势的变化是很不应该的。例如：

①先进与落后的错位。在现在一些人看来，落后并不可耻，先进并不光荣，先进人物难当，先进事不好做，先进话不好说。

②文明与愚昧的错位。举止文雅是文明的行为，如今却被一些人视为装腔作势；满口粗话者被视为壮士豪杰。

③勤俭与奢侈的错位。勤俭本是中华民族的传统美德，而时下几乎成了"小农经济思想"的代名词；奢侈却被认为有派头，有气魄。

④正义与邪恶的错位。路见不平、拔刀相助成了"傻帽"，歹徒行凶，旁观者众多而无人上前制止的现象屡屡发生。

⑤自尊与自贱的错位。有的演员借义演之名，到处骗钱财，这明明是见利忘义的自贱行为，而当事人偏视为自尊。

（2）心理定势错位

心理定势错位是指心理活动准备状态的错位。有以下表现：

①需求错位。需求是行为的原始动力。需求视社会价值与社会发展水平分为合理需求与不合理需求。将不合理的需求视为合理，就是需求错位，如将贪婪地向社会索职视为合理的需求。

②动机错位。动机是行为的直接动力。动机分为内部动机与外部动机。内部动机是个体对事物发展本身感兴趣；外部动机是个体对事物以外的因素（如报酬、晋升、条件）感兴趣。一般认为内部动机的作用大于外部动机，但是有些人对工作本身没有一点热情，对报酬却斤斤计较，驱动他工作的动力就是金钱。这是一种动机错位的表现。

③态度错位。态度是由情感为核心的行为倾向。态度是定势的一种。态度错位是指情感与认知、意向之间的不协调。如明明知道有人在破坏公物，但对此却听之任之。

④价值观的错位。价值观是人生的信念与观点，它是个性的重要成分。价值观意味着个人对某一事物将作出何种选择。由此类推，军人、运动员、记者、政府公务员等都会存在这样的选择。

（3）行为错位

道德定势、心理定势的错位是观念上的东西，常常综合地从人的行为中表现出来，从反常的人际关系、社会风气中反映出来。行为错位有以下表现：

①虐待与互虐。人与人之间应该互敬互让，"人人为我，我为人人"，但是有些人却专以捉弄他人为乐。

②痞化行为。当前社会上有一定数量的人表现出一种蛮横不讲理、称王称霸的痞化行为。例如，一些地痞、流氓欺行霸市，搞强买强卖；一些村民在国道上任意拦车、扣车，勒索司机钱财。

③依赖性求援。这是一种懒汉心理，对个人的困难不是通过自身努力去克服，而是一味依赖他人。有些地区不发掘本地资源搞开发，而是一味强调困难，向上伸手要钱。对于某些人来说，沿街乞讨成为致富的门路。这些人已无羞耻之心，不病不残，却向人们求援。

错位的行为还有许多，仅举三种，以窥豹一斑。

定势错位的危害极大，对个人而言，可能会导致信念丧失、心灵空虚、斤斤计较、算计他人、不思上进，甚至走上违法犯罪的道路；就人际关系而言，会导致人际间的不信任、摩擦与冲突，酿成家庭、邻里及同事间的感情悲剧；从社会来看，它与社会风气的败坏、社会公道的衰退紧密相关。因此，我们必须纠正错位的定势，以一种健康的心态与行为去工作、学习与生活。

4. 定势错位的自秘调适

定势错位讲到底是人生观、价值观出了问题。个人的自我调适，要做到以下几点。

（1）要定位于确立正确的人生观、价值观

观念的确定要加强学习，从圣人先哲的著作中去领悟做人的道理，从社会楷模的言行中去学习做人的道理。同时要善于思考，思考能帮助你透过现象看本质，把握社会发展主旋律，能站在较高的角度看待现实社会，以正确的逻辑推理在变幻莫测的社会事物中做出的正常的选择。

（2）要加强个人的品德修养

有修养的人往往能"一日三省吾身"。有"慎独"的人格，绝不"跟着感觉走"。有社会责任感，努力去履行自己的道德义务。

（3）对已有的错位定势可以采取联系脱敏法去纠正

即从最小的倒错纠正做起。例如有不相信他人的错误定势，可以考虑从以下顺序来纠偏：相信自己→相信家人→相信朋友→相信同事→相信上级→相信路人。由易到难，循序渐进进行纠正。

以上是一些病态社会心理与行为的涵义、特点、原因、表现、危害与自我调适方法，还有报复、虚伪等病态心理未列出来。病态社会心理是介于正常与变态人格之间的心理现象，它的纠正需要社会力量的综合治理，但更有赖于个体的主观调整，因为"外因是变化的条件，内因是变化的根据"。

维护心理健康

一、心理健康的标准

1908 年，美国耶鲁大学学生皮尔斯，将自己患躁郁症和住进精神病院三年的亲身经历，写成了一本举世闻名的书——《我寻回了自己》；同时，也为世界性心理卫生运动揭开了序幕。心理卫生工作的目的在于培养和增进个人与社会的心理健康。

一个人没有心理疾病，并不能证明他就有健康的个性。心理医生认为，处于一般心理健康水平的人，如果不向更高的水平发展，其生活是不可能富有、幸福和丰富多彩的。即使我们没有什么心理疾患，也基本满足了自己的需要，我们仍然会感到不幸和不足。

对于心理健康标准的描述，并无一个普遍模式。对于不同的人，心理健康可能是以不同的方式表现出来的。即使是对于同一个人，在不同的时期中，其反映心理健康的特点也可能是不同的。下面介绍的几种常见的模式，是对高水平心理健康的人进行研究的结论。

1. 心理 "成熟者" 模式

奥尔波特在哈佛大学一直从事对高心理健康水平的人的研究。他认为心理健康的人即是 "成熟者"，为此他提出了七个指标：

（1）能主动、直接地将自己推延到自身以外的兴趣和活动中；

（2）具有对别人表示同情、亲密或爱的能力；

（3）能够接纳自己的一切，好坏优劣都如此；

（4）能够准确、客观地知觉现实和接受现实；

（5）能够形成各种技能和能力，专注和高水平地胜任自己的工作；

（6）自我形象客观，知道自己的现状和特点；

（7）能着眼未来，行为的动力来自长期的目标和计划。

2. "自我实现者" 模式

马斯洛是人本主义心理学的创始人之一。其学说旨在研究和挖掘人类心理的最大潜力，他把那些能发挥自身遗传限度内最大可能力量的人称之为 "自我实现者"，亦即真正的心理健康的人。他认为这类人在人类中并不多见，但却是我们的楷模，其特点有如下表现：

（1）良好的现实知觉；

（2）接纳自然、他人与自己；

（3）自发、坦率、真实；

（4）以自身以外的问题为中心；

（5）有独处和自立的需要；

（6）自主发挥功能；

（7）愉快体验；

（8）有神秘或顶峰的体验（顶峰体验是指那种如痴如醉、物我两忘的境界或情绪）；

（9）有社会兴趣；

（10）人际关系好；

（11）有民主性格结构；

（12）有创造性；

（13）不随波逐流。

3．"创发者"模式

心理专家认为，社会环境与心理健康有着极为密切的关系，变革的社会可以造就大量心理健康的人，他们可以充分使用自己的所有力量、潜能和能力，他称此种人为"创发者"。"创发者"主要有四个特征：

（1）创发性的爱情：相爱的双方能保持独自的个性。在爱情之中不可为追求"和谐"而泯灭个性，而应使个性得到进一步的发展。然而要达到这种爱是很困难的，因为它要涉及关怀、负责、尊重和理解四个方面的难题。

（2）创发性的思维：对思维对象有强烈的兴趣，并能以客观、尊重与关心的方式来考察思维对象。

（3）幸福：它是一种生机盎然、充满活力、身体健康和个人潜能得到实现的状况，而不只是一种愉快体验。

（4）良心：这是一种严格的道德准则的体现。支配心理健康者的良心是自我的心声（出自内心的），而不是外在的力量（迫于压力的）。

上述心理健康的模式主要基于极端心理健康的人而言，也是一般人的目标，对一般心理健康水平的大多数人来讲，若提出一个标准，也就是所谓正常人的行为标准。

二、心理健康的维护

健康心理的维护是现代人所必须注重的一种心理教育内容，也是预防心理异常的最好方法。因每人所处的环境不同，遇到的问题各异，也就没有一套用于各人而皆准的方法。一般情况下我们可以按照下面介绍的原则或方法去做。

1．认识自己，悦纳自己

苏轼有言："人之难知，江海不足以喻其深，山谷不足以配其险，浮云

不足以比其变。"此处道出的仅仅是知人难，但现实生活中知人虽难，知己更难。自我认识的肤浅，是心理异常形成的主要原因之一。

自卑自怜者因幼时的过分依赖，竞争中的多次失败，由此得出的自知是"你行，我不行"。于是束缚自我、贬抑自我。结果是焦虑增剧，毁了自己。

自暴自弃者不甘心说"我不行"，而又无正确的方向，亦缺乏能力来表现自己，因此故作怪状，与人为难，在别人无可奈何的眼光中来肯定自我的价值，于是放纵自我，践踏自我。结果是反抗社会、害人害己。

自傲自负者自命不凡，自吹自擂，其实是一种极度自卑之人，但他们不像自卑自怜者那样因自卑而关闭自我、自怨自艾、自叹不如，而是自以为自己无所不能，只是不为。他们所持有的自知是"我行，你不行"，于是，呐喊着"我知道一切"，却连自己也不认识。结果是欺人一时，欺己一世。

自信自强者对自己的动机、目的有明确的了解，对自己的能力有适当的估价，从不随意说"我不行"，也不无根据地说"不在话下"。他们对自己充满自信，对他人也深怀尊重，他们认为在认识自己的前提下，是没有什么不可战胜的，于是他们走上了"我行，你也行"的康庄大道，其结果是充分认识自我，发挥最大潜力。

自卑自怜者、自暴自弃者和自傲自负者也并非全然不了解自己。从另一角度看，他们也认识了自己，但却用一种歪曲的形式来对待自己，即不能真正接受自己，其根子都是自卑。接受现实的自我，选择适当的目标，寻求良好的方法，不随意退却，不作自不量力之事，才可创造理想的自我，欣然接受自己，于是可避免心理冲突和情绪焦虑，使人心安理得，获得健康。

2. 面对现实，适应环境

能否面对现实是心理正常与否的一个客观标准。心理健康者总是能与现实保持良好的接触。一则他们能发挥自己最大的能力去改造环境，以求外界现实符合自己的主观愿望；二则在力不能及的情况下，他们又能另择目标或重选方法以适应现实环境。心理异常者最大的特点就是脱离现实或逃避现实。他们可能有美好的理想，但却不能正确估价自己的能力，又置客观规律而不顾，因而理想成了空中楼阁。于是怨天尤人或自怨自艾，逃避现实。

在现实生活中，我们应有"走自己的路，任他人去说"的精神，若常是人云亦云，随波逐流，便会失去自主性，焦虑也由此产生。人生活在现实之中，没有一个人不被评说。所谓"人品"之"品"便是三张嘴。在风气不正的环境中，人品之好坏，常是由人说成的，所以做人必须有自己的原则。若老是考虑"对不对得起别人？""别人会如何看我？"也就失去了自我。看上司的脸色办事，看朋友的面子说话，四面讨好却可能落得四面楚歌。

另一方面，我们也应该注重朋友忠告。自以为是，我行我素，只会落得形影相吊、无人理睬的境地。因此，面对现实，适应周围环境，对我们的心理健康是很重要的。

3. 结交知己，与人为善

乐于与人交往，和他人建立良好的关系，是心理健康的必备条件。人是群居动物，人们一起不只是可得到帮助和获得信息，还可使我们的苦、乐和能力得到宣泄、分享和体现，从而促使自己不断进步、保持心理平衡、健康。试想，一个人若获得成功而无人祝贺，其滋味如何？又试想，一个人若遇病痛和苦恼无人倾诉衷肠，其滋味又会如何呢？仅就心理健康而言，人们也是需要朋友的。

人生是美好的，与人相处是有利于心理健康的。但不要天真地认为我怎样待你，你就应该怎样待我。其实这是一种儿童的思维，但有些成人却也常常摆脱不了。人际关系是复杂的，但我们应有宽大的胸怀。

4. 努力工作，学会休闲

工作的最大意义不限于由此获得物质生活的报酬，从心理学的观点看，它对每个人还具有两方面意义：

（1）工作能表现出个人的价值，获得心理上的满足。无论是在日常生活中做一件平常琐事（如写篇小文章、修理家用电器等），还是从事长期性的职业工作（如培养一届学生、训练一支球队等），都能获得一种成就感。自己做的玩具、自己缝的衣服、自己打的家具等，都会觉得与买的就是不一样，这是因为它代表了你的"成就"。

（2）工作能使人在团体中表现自己，以提高个人的社会地位。个人在团体中要得到接受和承认并提高自己的价值，而工作成绩便是与人比较的最好标准。

现代社会生活节奏紧张、工作忙碌而机械，不少人情绪长期紧张而又不善于休闲调剂，于是也成了心理异常的一个原因。不少人遇到休息日却又不知如何打发，经常睡个懒觉或看看电视消遣。也有人一逢休息便拼命娱乐，或打牌、喝酒、跳舞，于是休闲之日反比工作之时更累更忙。

我们应该合理地安排休闲时间，经常改换方式，或郊游、或聚会、或访友、或参观展览等，也可参加一些职业性的活动或社会性的活动，要使休闲日更为丰富多彩，获得健康的心理机能。

心理健康的维护主要依靠自己，心理疾病的治疗除需有心理医生的指导外，也需要依靠自己的信心与毅力。如果掌握了有关心理健康和心理治疗的知识，我们不仅能随时关心和维护自己的心理健康，还可随时修正自己的行为。从此意义上讲，人人都是自己的心理医生。

心理治疗的方法

一、行为疗法

1. 行为疗法的概念

行为疗法又称行为治疗，是基于现代行为科学的一种非常通用的新型心理治疗方法。行为疗法是运用心理学派根据实验得出的学习原理，是一种治疗心理疾患和障碍的技术。行为疗法把治疗的着眼点放在可观察的外在行为或可以具体描述的心理状态上。因此，行为疗法的代表人物沃尔普将其定义为：使用通过实验而确立的有关学习的原理和方法，克服不适应的行为习惯的过程。

行为疗法与其他心理疗法的区别在于：行为疗法是以心理学中有关学习过程的理论和实验所建立的证据为基础的。与传统的心理治疗相比，它具有更高的科学性和系统性，可以进行客观的科学检验、演示和量化，即使重复试验也可得出同样可靠的结果，有一整套定型化的治疗形式，有坚实的理论根据和大量的实验证明。所以其临床效果更为显著和稳定。

行为疗法理论认为，人的行为，不管是功能性的还是非功能性的、正常的或病态的，都经学习而获得，而且也能通过学习而更改、增加或消除。学习的原因就是受奖赏的、获得令人满意结果的行为，容易学会并且能维持下来；相反，受处罚的、获得令人不悦结果的行为，就不容易学会或很难维持下来。

因此，掌握了操作这些奖赏或处罚的条件，就可控制行为的增减或改变其方向。在此基础上，行为疗法提出了相应的以下两点基本假设：

（1）如同适应性行为一样，非适应行为也是学习得来的，即个体是通过学习获得了不适应的行为。但要注意，并非所有行为变化都是学习得来的。

（2）个体可以通过学习获得所缺少的适应性行为。

2. 行为疗法的特点

行为疗法主要包括系统脱敏疗法、厌恶疗法、满灌或冲击疗法、阳性强化疗法、发泄疗法、逆转意图疗法、阴性强化疗法、模仿疗法、生物反馈疗法等。上述各种行为疗法的共同特点是：

（1）治疗只能针对当前来访者有关的问题而进行，至于揭示问题的历史根源、自知力或领悟，通常被认为是无关紧要的；

（2）治疗以特殊的行为目标，这种行为可以是外显的，也可以是内在的。那些要改变的行为常被看作是心理症状的表现；

（3）治疗的技术通常都是实验中发展而来，即是以实验为基础的。

（4）对于每个求治者，施治者根据其问题和本人的有关情况，采用适当的行为治疗技术。

行为疗法的实施，首先应通过选择，明确认定想更改、除去或养成的行为，如社交恐怖、广场恐怖、焦虑症等，然后就其治疗目标的行为性质，选择一套可描述的事先拟定的治疗策略与方法进行治疗。行为治疗不关心所谓"潜意识"或"内在精神的症结"，也不管病情发生的动态和因果关系，而是把着眼点放在当前可观察的非适应性行为上。

行为疗法相信只要"行为"改变，所谓"态度"及"情感"也就会相应改变。与其他流派的治疗方法相比，行为疗法对治疗过程关心得较少，他们更关心设立特定的治疗目标。而特定的治疗目标又是施治者通过对求治者的行为的观察，对其行为进行功能分析后，帮助求治者制定的。因此治疗目标一经确定，新的以条件作用力为前提的学习过程就可以开始进行了。

3. 行为疗法适应的症状

行为疗法从一开始就植根于实验的发现之中，它的理论基础主要来自于行为主义的学习原理：经典性条件反射原理、操作性条件作用原理和模仿学习原理。其适应症主要为：

（1）首先是恐惧症，其次是强迫症和焦虑症等；

（2）包括职业性肌肉痉挛、抽动症、口吃、咬手指（甲）、遗尿症、暴露发作等；

（3）包括肥胖症、神经性厌食、慢性便秘、烟酒及药物成瘾等；

（4）包括阳痿、早泄、阴道痉挛与性乐缺乏、手淫等；

（5）包括恋物癖、窥阴癖、露阴癖、异装癖、同性恋等；

（6）包括考试综合征、学习障碍、电视迷综合征、电子游艺综合征、办公室心理压迫综合征等；

（7）如高血压、心律不齐等。

二、满灌疗法

1. 满灌疗法的概念

满灌疗法，又称"暴露疗法"、"冲击疗法"和"快速脱敏疗法"。

它是鼓励求治者直接接触引致恐怖焦虑的情景，坚持到紧张感觉消失的一种快速行为治疗法。著名行为治疗专家马克斯在谈到满灌疗法的基本原理时指出："对患者冲击越突然，时间持续得越长，患者的情绪反应越强烈，这样才能称之为满灌。迅速向患者呈现让他害怕的刺激，并坚持到他对此刺激习以为常为止，是不同形式的满灌技术的共同特征。"

运用满灌疗法，治疗一开始时就应让求治者进入最使他恐惧的情境中，一般采用想象的方式，鼓励病人想象最使他恐惧的场面，或者心理医生在旁边反复地，甚至不厌其烦地讲述他最感恐惧情境中的细节，或者使用录像、幻灯片放映使求治者恐惧的情景，以加深求治者的焦虑程度，同时不允许求治者采取闭眼睛、哭喊、堵耳朵等逃避行为。

在反复的恐惧刺激下，即使求治者因焦虑紧张而出现心跳加快、呼吸困难、面色发白、四肢发冷等植物性神经系统反应，但求治者最担心的可怕灾难却并没有发生，这样焦虑反应也就相应地消退了。或者把求治者直接带入他最害怕的情境，经过实际体验，使其觉得也没有导致什么了不起的后果，恐惧症状自然也就慢慢消除了。"习能镇惊"是满灌疗法治疗的要诀。国外报道，即使病程超过 20 年的恐惧症，经过 3～15 次满灌治疗，也有希望治愈。

系统脱敏疗法效果好，设计合理，不足之处是治疗时间较长、方法比较繁复，而且需要求治者高度的配合和耐心，而满灌治疗是一种快速脱敏疗法，如果求治者合作，可以在几天或几周内，最多在两个月内可取得明显疗效。

马克斯教授 1982 年在我国某市举办的精神卫生讲习班上曾示范此法。当时马克斯以这种方法治疗一个有不洁恐惧症和癌症恐惧症的女病人。由于怕脏，她每天花大量时间洗手，洗家具，擦墙壁地板，几年不睡自己的床而与母亲同睡，觉得厨房炊具很脏而到餐馆去吃饭，全家人为此极为不安。

马克斯医师自己带头，用手接触墙壁、地板，甚至鞋底，又用脏手去接触水杯，故意把杯口弄脏，再喝这杯子里的水，让病人照样去做。做完之后两小时内不准洗手，让接触脏物引起的焦虑和恐症情绪经过两小时的延缓，自行获得部分消退。两小时后开始洗手，最初病人要洗一小时，以后洗手时间给予限制，逐步缩短到三刻钟，半小时，一刻钟。每天让病人在家里重复上述过程，几天之后，又让她回到自己那尘封半年的脏床上去睡，最后又让病人到肿瘤医生门诊部候诊室去，并坐在癌症病人坐过的椅子上，并与癌症病人握手。

这一切措施使患者陷入十分惊恐、失眠、食欲不振、"简直受不了"的状态，而且不用任何镇静药物，等待焦虑状态的自我缓解。根据短期观察结果表明，疗效较好。

2. 满灌疗法的原理

满灌疗法的一般原理是：由于恐怖是经过经典和条件作用而学习得来的，因此，恐怖行为是一种条件反应。某一事物或情境在一个人身上所引起的恐惧体验，会激发他产生逃避行为，而不管此事物或情境是否真的构成了对他的威胁。这种逃避行为会影响恐惧体验的强弱，从而起着负强化的作用，由此，专家们认为，与其逃避，不如让患者面对。一旦患者毅然正视恐惧，恐惧就会减轻。

满灌疗法的治疗步骤是：

（1）确立主要治疗目标。要认真找出引起求治者恐怖焦虑的事物、人物或场景，以便安排系统的主攻方向。

（2）向求治者讲明治疗的意义、目的、方法和注意事项，要求高度配合，树立坚强的信心和决心。尤其要求求治者暴露在恐怖情景中不能有丝毫回避意向和行为。且最好取得家属配合。

（3）治疗期间应布置"家庭作业"，不断训练，巩固治疗效果。

（4）施治者可采用示范法，必要时随求治者共同进行治疗训练。鼓励求治者建立自信，大胆治疗，促进暴露。

（5）学会系统肌肉放松法等训练方法，在做好充分思想准备的情况下进行满灌治疗。

满灌疗法常被用来治疗焦虑症和恐惧症。但在具体运用时，还要考虑求治者的文化水平、需要暗示的程度、发病原因和身体状况等因素。对体质虚弱、有心脏病、高血压和承受力低的患者，不能应用此法，以防发生意外。

3. 使用满灌疗法的注意事项

（1）要向求治者说明满灌疗法带来的焦虑是无害的。只有求治者体验到严重紧张，面对害怕，并且忍耐 1 ~ 2 小时以上，恐惧情绪才会逐渐消失。经过一系列先易后难的渐进的满灌暴露作业后，就会起到控制病情的作用。

（2）不允许有回避行为，否则会加重恐怖，导致治疗失败。

（3）使用此法，必须对求治者的身心状况有深入的了解。否则不仅会影响疗效，而且有可能发生意外。

三、放松疗法

1. 放松疗法的概念和原理

放松疗法又称松弛疗法、放松训练，是一种通过训练有意识地控制自身的心理生理活动、降低唤醒水平、改善机体紊乱功能的心理治疗方法。实践表明，心理生理的放松，均有利于身心健康、起到治病的作用。像我国的气功、印度的瑜伽术、日本的坐禅、德国的自生训练、美国的渐进松弛训练、超然沉思等，都是以放松为主要目的的自我控制训练。

放松疗法基于下述理论假设，即认为一个人的心情反应包含"情绪"与"躯体"两部分。假如能改变"躯体"的反应，"情绪"也会随着改变。至于躯体的反应，除了受自主神经系统控制的"内脏内分泌"系统的反应不宜随意操纵和控制外，受随意神经系统控制的"随意肌肉"反应，则可由人们的意念来操纵。

也就是说，经由人的意识可以把"随意肌肉"控制下来，再间接地把"情绪"松弛下来，建立轻松的心情状态。在日常生活中，当人们心情紧张时，不仅"情绪"上"张皇失措"，连身体各部分的肌肉也变得紧张僵硬，即所谓心惊肉跳、呆若木鸡；而当紧张的情绪松弛后，僵硬的肌肉还不能

松弛下来，即可通过按摩、沐浴、睡眠等方式让其松弛。

基于这一原理，"放松疗法"就是训练一个人，使其能随意地把自己的全身肌肉放松，以便随时保持心情轻松的状态。

放松疗法常和系统脱敏疗法结合使用，同时也可单独使用。渐进性的放松训练是对抗焦虑的一种常用方法，和系统脱敏疗法结合，可治疗各种焦虑性神经症、恐惧症，且对各系统的身心疾病都有较好的疗效。

2. 放松训练应注意的事项

（1）第一次进行放松训练时作为示范，施治者也应同时做。这样可以减轻求治者的羞涩感，也可以为求治者提供模仿的对象。事先得告诉求治者，如果不明白指示语的要求，可以先观察一下施治者的动作，再闭上眼睛继续练。

（2）谈话时进行的放松训练，最好用施治者的口头指示，以便在遇上问题时，能及时停下来。施治者还可以根据情况，主动控制训练的进程，或者有意重复某些放松环节。

（3）在放松过程中，为了帮助求治者体验其身体感受，施治者可以在步与步的间隔时指示病人，如"注意放松状态的沉重、温暖和轻松的感觉"，"感到你身上的肌肉非常的放松"，或者"注意肌肉放松时与紧张时的感觉差异"等。

求治者在会谈室中接受了放松训练之后，需要回家去练习。施治者可以为求治者提供书面指示语或录音磁带，供求治者在家练习时用。要求求治者每日练习 1～2 次，每次 15 分钟左右。施治者应该向求治者强调，开始几次的放松训练并不能使肌肉很快进入深度放松，要求坚持下去，才会有效果。对放松不了的求治者，可以采用辅助措施，如生物反馈训练。

四、合理情绪疗法

1. 合理情绪疗法的概念

合理情绪疗法是 20 世纪 50 年代由艾利斯在美国创立，它是认知疗法的一种，因其采用了行为治疗的一些方法，故又被称之为认知行为疗法。

合理情绪疗法的基本理论主要是 ABC 理论，这一理论又是建立在艾利斯对人的基本看法之上的。艾利斯对人的本性的看法可归纳为以下几点：

（1）人既可以是有理性的、合理的，也可以是无理性的、不合理的。当人们按照理性去思维、去行动时，他们就会很愉快、富有竞争精神的及有成效的行动。

（2）情绪是伴随人们的思维而产生的，情绪上或心理上的困扰是由于不合理的、不合逻辑的思维所造成。

（3）人具有一种生物学和社会学的倾向性，倾向于存在有理性的合理思维和无理性的不合理思维。即任何人都不可避免地具有或多或少的不合理思维与信念。

（4）人是有语言的动物，思维借助于语言而进行，不断地用内化语言重复某种不合理的信念，这将导致无法排解的情绪困扰。

（5）情绪困扰的持续，实际上就是那些内化语言持续作用的结果。正如艾利斯所说："那些我们持续不断地对自己所说的话经常就是，或者就变成了我们的思想和情绪。"

为此，艾利斯宣称：人的情绪不是由某一诱发性事件的本身所引起，而是由经历了这一事件的人对这一事件的解释和评价所引起的。这就成了 ABC 理论的基本观点。在 ABC 理论模式中，A 是指诱发性事件；B 是指个体在遇到诱发事件之后相应而生的信念，即他对这一事件的看法、解释和评价；C 是指特定情景下，个体的情绪及行为的结果。

通常人们会认为，人的情绪的行为反应是直接由诱发性事件 A 引起的，即 A 引起了 C。ABC 理论则指出，诱发性事件 A 只是引起情绪及行为反应的间接原因，而人们对诱发性事件所持的信念、看法、解释 B 才是引起人的情绪及行为反应的更直接的原因。

例如：两个人一起在街上闲逛，迎面碰到他们的领导，但对方没有与他们招呼，径直走过去了。这两个人中的一个对此是这样想的："他可能正在想别的事情，没有注意到我们。即使是看到我们而没理睬，也可能有什么特殊的原因。"而另一个人却可能有不同的想法："是不是上次顶撞了他一句，他就故意不理我了，下一步可能就要故意找我的麻烦了。”

两种不同的想法就会导致两种不同的情绪和行为反应。前者可能觉得无所谓，该干什么仍继续干自己的；而后者则可能忧心忡忡，以致无法平静下来干好自己的工作。

从这个简单的例子中可以看出，人的情绪及行为反应与人们对事物的想法、看法有直接关系。在这些想法和看法背后，有着人们对一类事物的共同看法，这就是信念。这两个人的信念，前者在合理情绪疗法中称之为合理的信念，而后者则被称之为不合理的信念。

合理的信念会引起人们对事物适当、适度的情绪和行为反应；而不合理的信念则相反，往往会导致不适当的情绪和行为反应，当人们坚持某些不合理的信念，长期处于不良的情绪状态之中时，最终将导致情绪障碍的产生。

2. 不合理信念的几个特征

韦斯勒经过归纳研究，总结出了不合理信念的几个特征：

（1）绝对化要求

这是指人们以自己的意愿为出发点，对某一事物怀有认为其必定会发生或不会发生的信念，它通常与“必须”、“应该”这类字眼连在一起。如“我必须获得成功”，“别人必须很好地对待我”，“生活应该是很容易的”等。

怀有这样信念的人极易陷入情绪困扰中，因为客观事物的发生、发展都有其规律，是不以人的意志为转移的。就某个具体的人来说，他不可能在每一件事情上都获得成功；而对于某个个体来说，他周围的人和事物的表现和发展也不可能以他的意志为转移。因此，当某些事物的发生与其对事物的绝对化要求相悖时，他们就会受不了，感到难以接受、难以适应并陷入情绪困扰。

合理情绪疗法就是要帮助他们改变这种极端的思维方式，认识其绝对化要求的不合理、不现实之处，帮助他们学会以合理的方法去看待自己和周围的人与事物，以减少他们陷入情绪障碍的可能性。

（2）过分概括化

这是一种以偏概全的不合理思维方式的表现。艾利斯曾说过，过分概括化是不合逻辑的，就好像以一本书的封面来判定其内容的好坏一样。过分概括化的一个方面是人们对其自身的不合理的评价。如当面对失败或是极坏的结果时，往往会认为自己"一无是处"、"一钱不值"、是"废物"等。

以自己做的某一件事或某几件事的结果来评价自己整个人、评价自己作为人的价值，其结果常常会导致自责、自卑、自弃的心理及焦虑和抑郁情绪的产生。过分概括化的另一个方面是对他人的不合理评价，即别人稍有差错就认为他很坏、一无是处等，这会导致一味地责备他人，以致产生敌意和愤怒等情绪。

按照埃利斯的观点来看，以一件事的成败来评价整个人，这无异于一种理智上的法西斯主义。他认为一个人的价值是不能以他是否聪明、是否取得了成就等来评价，他指出人的价值就在于他具有人性，因此他主张不要去评价整体的人，而应代之以评价人的行为、行动和表现。这也正是合理情绪治疗所强调的要点之一，因为在这个世界上，没有一个人可以达到完美无缺的境地，所以每个人都应接受自己和他人是有可能犯错误的。

（3）糟糕至极

这是一种认为如果一件不好的事发生了，将是非常可怕、非常糟糕，甚至是一场灾难的想法。这将导致个体陷入极端不良的情绪体验，如耻辱、自责、焦虑、悲观、抑郁的恶性循环之中，而难以自拔。

当一个人讲什么事情都糟透了、糟极了的时候，对他来说往往意味着碰到的是最最坏的事情，是一种灭顶之灾。艾利斯指出这是一种不合理的信念，因为对任何一件事情来说，都有可能发生比之更坏的情形，没有任何一件事情可以定义为是100%糟透了的。

当一个人沿着这条思路想下去，认为遇到了100%的糟糕的事或比100%还糟的事情时，他就是把自己引向了极端的、负的不良情绪状态之中。糟糕至极常常是与人们对自己、对他人及对周围环境的绝对化要求相联系而出现的，即在人们的绝对化要求中认为的"必须"和"应该"的事情并非像他们所想的那样发生时，他们就会感到无法接受这种现实，因而就会走向极端，认为事情已经糟到了极点。"非常不好的事情确实有可能发生，尽管有很多原因使我们希望不要发生这种事情，但没有任何理由说这些事情绝对不该发生。我们必须努力去接受现实，尽可能地去改变这种状况；在不可能时，则要学会在这种状况下生活下去。"

在人们不合理的信念中，往往都可以找到上述三种特征，每个人都会或多或少地具有不合理的思维与信念，而那些严重情绪障碍的人，这种不合理思维的倾向尤为明显。情绪障碍一旦形成，往往是难以自拔的，此时就极需进行治疗。

合理情绪疗法认为，人们的情绪障碍是由人们的不合理信念所造成，因此简要地说，这种疗法就是要以理性治疗非理性，帮助求治者以合理的思维方式代替不合理的思维方式，以合理的信念代替不合理的信念，从而最大限度地减少不合理的信念给情绪带来的不良影响，通过以改变认知为主的治疗方式，来帮助求治者减少或消除他们已有的情绪障碍。

3. 合理疗法的步骤

治疗的第一步，首先要向求治者指出，其思维方式、信念是不合理的；帮助他们弄清楚为什么会变成这样，怎么会发展到目前这样子，讲清楚不合理的信念与他们的情绪困扰之间的关系。这一步可以直接或间接地向求治者介绍 ABC 理论的基本原理。

治疗的第二步，要向求治者指出，他们的情绪困扰之所以延续至今，不是由于早年生活的影响，而是由于现在他们自身所存在的不合理信念所导致的，对于这一点，他们自己应当负责任。

治疗的第三步，通过与不合理信念辩论的方法为主的治疗技术，帮助求治者认清其信念的不合理性，进而放弃这些不合理的信念，帮助求治者产生某种认知层次的改变。这是治疗中最重要的一环。

治疗的第四步，不仅要帮助求治者认清并放弃某些特定的不合理信念，而且要从改变他们常见的不合理信念入手，帮助他们学会以合理的思维方式代替不合理的思维方式，以避免再做不合理信念的牺牲品。

这四个步骤一旦完成，不合理信念及由此而引起的情绪困扰和障碍即将消除，求治者就会以较为合理的思维方式代替不合理的思维方式，从而较少受到不合理信念的困扰了。

在合理情绪治疗的整个过程中，与不合理的信念辩论的方法一直是施治者帮助求治者的主要方法。这几乎运用于每一个求治者，而其他方法则视求治者情况而选用。

在合理情绪疗法的治疗过程中，最常用的技术就是与不合理的信念辩论的技术；其次是合理的情绪想象技术，认知"家庭作业"以及为促使求治者很好地完成"作业"而提出的相应的自我管理方法。其他一些技术方法，或不作为主要的方法，而作为辅助的方法；或只在治疗的最后阶段如决断训练、社交技能训练等方面使用。

艾利斯曾指出，合理情绪治疗可以倾向于采用多种多样的技术方法，只要是将这些方法运用于合理情绪治疗的框架之中，这都是允许的。但在治疗过程中应强调改变求治者的认知。如果施治者的工作重点放在改变求治者的情感和行为上，而很少强调认知改变，那就应怀疑这样的治疗是不是合理情绪疗法了。

五、咨客中心疗法

咨客中心疗法是人本主义心理疗法中的主要代表。人本主义心理疗法是20世纪60年代兴起的一种新型心理疗法，其指导思想是第二次世界大战后在美国出现的人本主义心理学，这个疗法不是由某个学派的杰出领袖所创的，而是由一些具有相同观点的人实践得来的，这里有患者中心疗法、存在主义疗法、完形疗法等。在各派人本主义疗法中，以罗杰斯开创的咨客中心疗法影响最大，是人本主义疗法中的一个主要代表。

1. 咨客中心疗法的概念

咨客中心疗法认为，任何人在正常情况下都有着积极的、奋发向上的、

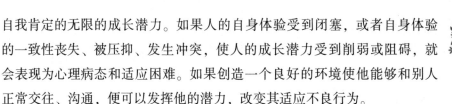

自我肯定的无限的成长潜力。如果人的自身体验受到闭塞，或者自身体验的一致性丧失、被压抑、发生冲突，使人的成长潜力受到削弱或阻碍，就会表现为心理病态和适应困难。如果创造一个良好的环境使他能够和别人正常交往、沟通，便可以发挥他的潜力，改变其适应不良行为。

咨客中心疗法的倡导者和创始人卡尔·罗杰斯，1902 年出生于一个农民家庭，早年攻读过农业、生物、物理和神学，以后又学习了心理学、接触了行为主义的理论，并接受了弗洛伊德学派的心理分析训练，他作为心理治疗专家曾在一个儿童行为指导中心工作了 12 年。

早在 1939 年，他就提出了一个不同寻常的设想："假如我不去考虑表现自己的聪明才智，那么我觉得依靠来访者来完成这个治疗过程更好……来访者了解自己的问题，了解应向什么方向努力、了解什么问题最重要，了解自己隐藏着什么体验。"

他在心理治疗实践中总结出自己的经验，于 1942 年出版了《咨询与心理治疗》一书，提出了自己新的心理治疗观。1951 年，他又出版了《咨客中心治疗》一书，为患者中心治疗奠定了理论基础。

罗杰斯在数十年的实际工作中，尤其是在同那些有各种烦恼的人直接接触中，得到了许多知识并积累了许多经验。简言之，有以下几点：

（1）他发现在与别人相处的过程中，不能长时间装假。譬如：当自己生病时，不能装成正常人。

（2）在他承认自己不完善，接受别人的真实感情时，他才能有所改变，和别人相处也会更有效些。

（3）对别人理解越深，自己和被理解人的关系越会有所改变。罗杰斯说，他从了解患者的各种体验中学到了改善自己的方法，使自己成为一个更有责任心的人。

（4）用他的态度创造一种安全的关系和自由的氛围，能减少和别人之间的隔阂，才能互相公开自己的内心世界。

（5）能接受别人的感情、态度，包括愤怒的感情和仇视的态度，才能助人成长，因为这才是他真实的、要害的部分。

（6）他不急于叫别人照他的意愿去做。即不去塑造别人，越是如此，就越发现自己和别人都在成长变化。

（7）应当相信自己的经验。别人评价好的对自己不一定有用，只有自己最了解自己。例如：罗杰斯不是医生和在做心理治疗，批评和鼓励的人都有，可以不去管它。

（8）经验是最高权威。罗杰斯认为，不论是圣经或预言，不论是弗洛伊德学说或其他理论，不论是上帝启示或人的指教，都不能胜过自己的直接经验。

（9）同样，应认识到事实才是真正的朋友。

（10）经验证明：人们都有一个基本的、指向成熟的、建设性的、自我实现和社会化的潜在趋势。如果能理解别人的感情，能承认他们作为独立的人拥有自己的权力，理解越充分、他们就越能放弃以前对待生活的假面具，向前迈进。

（11）生命是一个流动、变化的过程，其中没有固定不变的东西（包括信仰），应当允许别人发展自己内在的自由，对他的生活经验做出自己有意义的解释。罗杰斯把这些生活经历和实践经验，都渗透到了他的咨客中心疗法的理论和实践中。

罗杰斯认为，有机体都有一种天生的基本趋势，要以各种方式去发挥他的潜在能力，来推动有机体的生长、前进、成熟。比如幼儿学步，在正常情况下，小孩不论跌倒多少次，最后总是可以学会独自走路的。心理的成长也是如此。在合理、良好的环境中，一个人总是能靠这种天生的力量由小到大发育成熟，成为一个健全的、机能完善的人，在人的成长中，不利的环境条件，使人的这种趋势受到歪曲和阻碍，形成冲突，人就会感到适应困难，表现为各种古怪的行为。

2. 咨客中心疗法

20世纪40年代初，罗杰斯最早提出的"非指导性治疗"当时仅被看作一种咨询和治疗的新方法。对咨客的各种诉说和行为不加评论与指导，只是引导他们表达内心的感情，在施治者提供的良好气氛中做出自己的发现和决定，被人称为"点头疗法"。1950年前后，开始发展为咨客中心疗法，重点在咨客的内心的变化上。60年代以后，罗杰斯发现在个人咨询中，行为改变的潜力以小组活动的形式也可以得到发挥，便以邂逅小组的形式进行集体咨询与治疗。

在罗杰斯倡导的邂逅小组中，人数不等，可自由参加，成员们可自由地表达他们的感情，倾诉他们各种烦恼和悲伤，可随意找组内任一成员谈心，互相保持温暖、谅解的气氛和理解、接受的态度；以诚相待，不互相指责；可以批评，但要从理解和尊重出发。这样的关系和气氛与个人咨询或治疗的时间相同，只是范围更广。

小组活动的结果是，大多数成员变得能认识自己，能理解别人，去掉通常社交时的假面具，不隐瞒自己的真实感情，少用防御机制，变为成熟的、具有独立人格的人。有的邂逅小组目的是让参加者尽量宣泄他们的感情，强调得到所谓"高峰"体验，或者用静坐法达到"无自我"状态等。这些方法统称为体验过程疗法，可以说是咨客中心疗法的进一步发展。

与以往的心理治疗方法相比，作为心理治疗第三个里程碑的咨客中心疗法有以下几点不同：

（1）它打破了以前疾病诊断的界限。它不进行疾病诊断和鉴别诊断。治疗对象不分神经症病人和正常人甚至精神病人，因而不叫他们为病人而称之为咨客。

（2）只注重治疗环境和气氛而不注重治疗技巧。罗杰斯说，心理分析法的"钻心"技术无用，行为矫正法过分"机械"而失去人性。

他批评以前的心理施治者把自己的判断和价值观强加给病人，叫他们无条件接受，阻碍了病人发挥自己的潜力。

（3）轻视专家的作用。批评心理分析中，父母—子女式的医患关系和行为疗法中的师—生关系，主张施治者不应以医生、专家的身份而应以普通人的身份出现，以平等态度对待咨客，不给予具体指导和分析，只引导他们抒发自己的情感。

六、催眠疗法

催眠疗法是指用催眠的方法使求治者的意识范围变得极度狭窄，借助暗示性语言，以消除病理心理和躯体障碍的一种心理治疗方法。

1. 催眠疗法的概念

催眠是一种类似睡眠的恍惚状态。催眠术就是心理医生运用不断重复的、单调的言语或动作等向求治者的感官进行刺激，诱使其意识状态渐渐进入一种特殊境界的技术。通过催眠后的求治者，认知判断能力降低，防御机制减弱，表现得六神无主、被动顺从。这时，暗示的效果比在清醒状态下明显，求治者的情感、意志和行为等心理活动可随心理医生的暗示或指令转换，而对周围事物却大大降低了感受性。在催眠状态下，求治者能重新回忆起已被"遗忘"的经历和体验，畅述内心的秘密和隐私。换句话说，求治者在催眠状态下呈现一种缩小了的意识分离状态，只与心理医生保持密切的感应关系，顺从地接受心理医生的指令和暗示。这样，心理医生对求治者运用心理分析、解释、疏导或采取模拟、想象、年龄倒退、临摹等方法进行心理治疗。

从1775年奥地利医生麦斯默首次使用催眠术并运用于医疗到现在，催眠疗法已有二百多年的历史。像英国医生布雷德、精神分析学的创始人弗洛伊德以及前苏联生理学家巴甫洛夫等，都对催眠现象进行了大量研究。巴甫洛夫曾指出："催眠是清醒与睡眠之间的'移行对相'。在催眠状态下，由于人的大脑皮层高度抑制，过去的经验被封锁，对新刺激的鉴别判断力大大降低，从而使当作刺激物而被应用的暗示，具有几乎不可克服的巨大力量。

2. 催眠疗法的效果

催眠治疗在精神科及其他科都有一定的实用价值，其主要适应于神经症，如转换性协议脱离、焦虑状态、精神性头痛、神经性抽动症、厌食症，以及胃溃疡、结肠炎、高血压、慢性哮喘、冠状动脉机能不足等。此外，还可作为镇痛手段。

必须指出的是，催眠治疗是一项严肃的工作，与巫医、巫术有严格的区分，亦不可视为儿戏，任意滥用。一般只有经过专门训练的心理医生和精神科医生在出于研究和治疗的需要时，并在求治者自愿配合的情况下，方可使用。而且，催眠疗法除具有疗效快、疗程短的优点外，也有其缺点：①并非任何求治者都能成功地接受催眠治疗，②疗效往往不甚巩固。在使用时必须注意这两点。

建立心理防卫机制

当一个人在心理上受到挫折或出现困难时，有许多方式可以应用。比如，采取行动直接去处理问题、消极地暂时躲避，改用较幼稚的方式去应付等。只要我们认真回想一下，就不难发现在过去诸多经历中屡有此类情况。即在遇到或挫折时，常常会使用一些心理上的措施或应激，不至于引起情绪上的过分痛苦与不安的自我保护方法，我们将其称为心理防卫机制。

心理防卫机制属于一种心理适应性反应，这种反应典型地采用习惯性和潜在意识的方式，以消除或保持一个人的内心焦虑、罪恶感以及失去的自尊心。这种心理防卫机制大都是在潜意识中进行的，也就是说，是在不知不觉中使用的。比如"酸葡萄"的故事中，狐狸吃不到长在高处的葡萄，便说："反正是酸葡萄，没什么好吃的。"

用心理防卫观点来解释，也可了解因吃不到葡萄而委屈沮丧时，把葡萄说成是酸的和不好吃的，吃不着（遭受挫折），心理也就不会那么难过了。

一、心理防御机制的功能

每一个人在行为发展过程中，均会逐渐学会种种防御性反应，以便在自我受到侵袭时，随时采取自动的防卫行为。心理防卫机制具有以下功能：

（1）减低情绪冲突；

（2）从自身内在具有危险的冲动中保卫自己；

（3）缓和伤感经验和情绪的感受；

（4）减轻失望或失望的感受；

（5）消除个人内在心理与外在现实之间的冲突；

（6）协助个体保持其充实感和价值观。

一般说来，心理防卫机制几乎每个人都在不知不觉地使用，不算是消极之举。因为在我们的生活环境里，处处都会遇到许多挫折与困难，不能一一直接去处理应付，有时便需要依赖心理上的机制和措施来适应。这是一种正常且健康的心理现象。例如，一个人近来常受人欺负，又因无法反抗而难过，遂自我解嘲说："虎落平川被犬欺。"因为在受别人欺负时，自尊心受到打击，所以在心理上改变一下现实，认为别人是犬，自己是虎。老虎当然比犬强，在心理上获得自我满足，心里也就不那么难过了。但假如把现实情况歪曲得太厉害，把自己当成皇帝，当成神，以弥补自己的自卑感，或将别人都视为敌人，形成妄想状态，与现实完全脱离，则就变成病态了。可见，同一种心理防卫术由于其使用的范围程度有别，便有健康和病态之分。

二、心理防卫机制的四种类型

心理防卫的机制很多，按照个人心理发展的成熟性可分为四类：

（1）自恋心理防卫机制。包括否定、歪曲、外射诸法，它是一个人在婴儿早期使用的心理机制。早期婴儿的心理状态属于自恋的，即只照顾自己，只爱恋自己，不会关心他人，加之婴儿的"自我界限"尚未形成，常轻易地否定、抹杀或歪曲事实，所以这些心理机制即为自恋心理防卫机制。

（2）不成熟心理防卫机制。包括内射、退行、幻想诸法。

（3）神经症性心理防卫机制。是儿童的"自我"机能进一步成熟，在儿童能逐渐分辨什么是自己的冲动、欲望，什么是现实的要求与规范之后，在处理内心挣扎时所表现出来的心理机制，如"潜抑作用"、"隔离作用"或"反向作用"等。

（4）成熟的心理防卫机制。指自我发展成熟之后才能表现的防御机制及防御的方法，不但比较有效，而且还可以解除或处理现实的困难、满足自我的欲望与本能，也能为一般社会文化所接受，这种成熟的防卫机制包括压抑、升华、利他、幽默诸种。

三、心理防卫术的作用

心理防卫机制有积极与消极两种作用。

（1）其积极作用表现为：对偏激或攻击性行为有缓解作用，能暂时消除内心的痛苦和不安，可能引导出解决问题的办法等。例如，升华作用可以将不被社会所接受的动机或行为转变为可接受的动机或行为，使个体心理上获得满足。又如，补偿作用能使人变得更聪明、机敏，能取长补短，获得心理上的满足和减轻某些挫折感。

（2）其消极作用主要有：心理防卫机制对现实存在的问题并不能真正解决，往往带有一种"自我欺骗"的性质。它常常只起到使人逃避现实的消极作用，有时还会使实际问题复杂化，提高心理冲突的程度。

总之，建立心理防卫机制的目的在于处理自己与现实的关系，以消除心理的挫折，求得内心的安宁，是一种"自我"保护方法。虽然方法种类繁多，但互相渗透、互相联系，很少单独作用。而同一心理现象，往往也可使用不同的心理防卫机制来解释和说明。

在通常情况下，一般人常用成熟的心理防卫机制，也常用社会症心理防卫机制，只是偶尔使用不成熟的心理防卫机制。至于神经症患者，虽然也用成熟的心理防卫机制，但主要还是使用神经症心理防卫机制。只有精神病患者，才使用精神病心理防卫机制。换句话说，随着个人的成熟及其健康状况，每个人都会使用不同水平的心理防卫机制。而从临床心理学来说，心理医生懂得心理防卫机制的原理与方法，有助于进一步了解病人的症状和心理问题，对心理治疗具有指导意义。

实现心理防卫的方法

当人遭遇挫折时，常会心情不愉快，甚至痛苦焦虑。为了不让这些不愉快、痛苦的情绪压抑折磨自己，特别是长时间地折磨自己，就要尽量避免或减轻焦虑心理的发生。我们将个体在生活实践中学到的某些对付或适应挫折情境的方式称为防卫术。

与人体生理活动具有一种保持生理、生化活动相对稳定和平衡的能力一样，心理活动也同样具有恢复与保持情绪上的平衡并保持心情安定与稳定的机能。心理防卫机制本身并非异常或病态心理，但是运用过分或不当，以致阻碍个人对周围社会环境适应，就可能导致心理变态。

通常人们通过以下方法来实现心理防卫。

一、否定作用

1. 否定作用的概念

所谓"否定作用"，是一种否定存在或已发生的事实的潜意识心理防卫术。它是最原始最简单的心理防卫机制，它将已发生而令人不快或痛苦的事情完全否定，以减轻心理上的痛苦。这种防卫术能使个体从难以忍受的思想中逃避，也同样可借此逃避个体难以忍受的愿望、行动、事故，以及由此引发的内心焦虑。

我们曾注意到，年幼的儿童不慎将花瓶或杯子摔坏后，会知道闯了大祸而用双手把眼睛蒙起来，不敢再看已被打破的东西。其情形如同沙漠里的鸵鸟，当被敌人追赶而难以逃脱时，就把头埋进沙里。因为危险在眼前，情感上难以承受，把眼睛蒙起来，抹杀已发生的事实，以免除心理上的负罪或痛苦。这种"眼不见为净"，即为"否定作用"的表现。

2. 否定作用的表现

否定作用在日常生活中随时可见：

（1）父母很可能对自己孩子的生理或心理方面的缺陷尚未察觉或不予承认，哪怕是孩子的缺陷早已人人皆知；

（2）罪犯入监后，在严密的监禁之下，有时也会失去他们对现实的知觉，甚至感到被监禁于己并非事实；

（3）一些接受手术的人有时也会忽略事实，而产生其手足或器官仍然存在的错觉；

（4）患有歇斯底里性麻痹和其他歇斯底里反应的心理症患者，经常会防卫性地否定事实而忽视实际存在的痛苦，甚至以一种欣悦的方式表现出来；

（5）患有忧郁性心理症者，可能不敢面对现实而缺乏感受；

（6）紧张性精神分裂患者可能否定自身的存在，甚至否定整个人类世界的存在。

可见，有些轻微的否定在日常生活中以轻微的行为表现出来，而有的否定却成为一种严重的精神病症状。

3. 否定作用的案例分析

在临床上，也不乏"否定"的例子。

有一位妇女，自幼父母双亡，后来结婚生有一女，她极为疼爱，视其为宝贝和骨肉。但非常不幸，一天女儿因车祸意外死亡，当有人来家里告诉她这个消息时，她不肯信，也不去认尸，坚持认为弄错了人，女儿没有死，放了学就会回来。下午她照常烧好女儿最喜欢吃的饭菜，摆好碗筷，等待女儿回家吃饭。到了晚上，仍照往日习惯，为女儿铺好床，好让女儿一回来就可就寝。她不准丈夫或任何人提及女儿已死的事，也拒绝去办丧事，坚信女儿一切都很好。显然，这位妇女精神已崩溃，把女儿已死之事完全予以否定，欲通过否定作用来避免这件事所带给她的打击和痛苦。

事实上，否定作用并不能使我们完全否定问题存在的事实，只是使我们否定对这些问题存在的注意力而已。不过，有时否定的心理防卫机制可以说是一种在心理压力中保卫自己的感觉，或给人多一点时间作考虑与作决定。然而，不可忽略的是否定作用在一般行为表现上，足以妨碍人们对问题的适应，因为其机理是躲避问题以代替面对问题。

二、歪曲作用

所谓"歪曲作用"，是把外界事实加以曲解、变化以符合内心的需要。歪曲作用无视外界事实，与否定作用有相同的性质，属于精神病的心理防卫机制。因歪曲作用而表现的精神病现象以妄想或幻觉最为常见。妄想是将事实曲解并且坚信不疑，如相信有人危害他、配偶对他不贞、夸大性地相信自己是神或皇帝等。幻觉乃是外界并无刺激，而由脑子里凭空感觉到的声音、影像或触觉等反应，它与现实脱节，严重歪曲了现实。

有一位化验室的技工，突然语无伦次，说他是著名化学家，且最近获得诺贝尔化学奖，还说他是当代某著名女影星的情人。他不仅这样说，而且真的确信。接到一封普通的信，便认为是挪威政府寄来的，是邀请他到挪威去领取诺贝尔化学奖的；由于语无伦次、行为怪异，路人便好奇而取笑他，他却认为在祝贺他当选为某工厂的厂长；听到收音机里女影星唱的歌，则认为是他妻子唱给他听的。

导致其产生虚幻的原因何在？经查询方知他在最近的化学检测考试中名落孙山，比他年轻的同事反而升了级，在心理上受到了极大挫折。更糟的是，女朋友此时也不理睬他了。在这种双重心理打击之下，他的精神彻底崩溃了。因此，他把一些外界所看到、听到的事实加以曲解、变化，以符合内心的需求，用夸大的想法来保护其受挫的自尊心，这是歪曲作用的典型例子。

三、外射作用

外射作用又叫投射作用，是凭主观想法去推及外界的事实，或把自己的过错归咎于他人的一种心理防卫术。日常生活中常出现这种"外射"现象，即以自己的想法去推测别人的想法。所谓"我见青山多妩媚，青山见我亦多情"，即为此例。中国古代"庄子观鱼"的故事，是讲庄子和惠子在潭边看鱼，其中庄子道："老兄，你看这些鱼是多么快乐呀？"惠子却说："老兄呀，你又不是鱼，怎么知道鱼很快乐呢？"（汝非鱼，焉知鱼之乐）庄子回答道："老兄呀！你又不是我，怎么知道我不知道鱼快乐呢？"（汝非我，知我不知鱼之乐）其实鱼乐与不乐，只有鱼自己才知道，而那位老兄不过是把自己的态度和感觉"投射"到鱼身上去罢了。这种把自己的动机、想法、态度或欲望"投射"到外界的客观现实，称之为"外射"。作为心理防卫机制的外射作用，是把自己不能接受的欲望，感觉或想法外射到别人身上，以避免意识到那些自己不能接受的欲望感觉或想法。比如，一个打

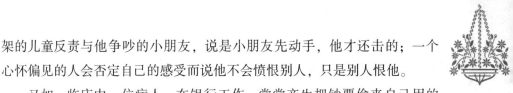

架的儿童反责与他争吵的小朋友，说是小朋友先动手，他才还击的；一个心怀偏见的人会否定自己的感受而说他不会愤恨别人，只是别人恨他。

又如，临床中一位病人，在银行工作，常常产生把钞票偷来自己用的念头，但又为产生这种坏念头而惭愧。结果，外射到别人身上，说别人怀疑他有偷用公家钞票的意念。经过这种外射作用之后，他一来不再觉得自己原有偷窃的欲望而觉得不好；二来因别人怀疑他有这个意图，他也就不敢真的去偷公家的钞票，从而达到了自我防卫的目的。

某些外射行为可认为是人们自然而不可避免的失误，是一种人人常用的心理防卫术，借此对错误的行为予以饶恕与解脱。但是责怪他人成为一种习惯，总是将自己的过错归咎于他人，就会妨碍我们与他人之间良好的人际关系。这不仅干扰了我们看到真实的自己，而且容易对他人形成敌对的、难以容忍的、以及怀疑心重的态度，从而把过错外射到外界及怀疑他人而引起诸多麻烦。

四、内射作用

内射作用是一种与外射作用相反的心理防卫术。它是将外界的吸收到自己的内心，成为自己人格的一部分的一种心理防卫术。事实上，人们的思维及行为，往往是受到外界环境的影响而表现出的心理活动。特别是在早期的人格发展过程中，婴幼儿最易吸收、学习别人，特别是自己父母的言行与思维，从而逐渐形成自己的人格。

"孟母三迁"是我国古代有名的故事。就是现在，人们在搬家时，也要先探听周围邻居各方面的情况。至于孟母为何三迁，大家又为何如此关心周围的环境，理由很简单，因为懂得"近朱者赤，近墨者黑"的道理。这种近朱者赤近墨者黑的现象，就是内射作用的结果。

内射作用通常是毫无选择性地、广泛地吸收外界的东西。但有时却是通过特别的心理动机，有选择性地吸收、模仿某些特殊的人或物，我们将其称为仿同作用。"仿同"是指一种吸收或顺从另外一个人或团体的态度或行为的倾向。当个体欲吸收他人的以增强自己的能力、安全，以及接纳等方面的感受时，就可采取仿同的心理防卫术。比如说，女孩子因喜欢、羡慕妈妈，结果模仿妈妈，学妈妈擦口红，穿妈妈的鞋和衣服等。通过仿同，有助于小孩性格发展的成熟。

一般说来，仿同的动机是爱慕，是正常的心理现象。但有时却是由两种心理防卫机制而产生的。举例来说，一少女自称生平最讨厌遇事大声吼叫的女人，可是自己遇到了生气的事，却总是控制不住大吼大叫，而事后又每每因其失态而懊悔。经深入查询，发现这个女孩有一个非常专横的母亲和一个非常柔顺的父亲。对于家中的事情，父母之间一旦存在意见分歧时，只要母亲大声一吼，父亲就俯首称是，照母亲的意思去做。做女儿的生长在这种环境里，久而久之就形成了一种认知，即遇到问题不分对错，只要谁的声音大，谁就得胜。虽然她理智上知道大声吼叫是不好的，但是在潜意识中，却处处模仿她母亲的粗陋行为，因为她觉得这才是制胜之道。一方面她对母亲的这种行为很反感，另一方面又觉得这是应付困境的好办法，只要她面临困境时就大声吼叫。这种一方面感到反感，另一方面又去仿同的现象，称之为"反感性仿同作用"。

仿同的心理防卫使用过甚或仿同了错误的模式，其行为反而会变得不正常。充满矛盾的仿同，有时易导致多重性格。上述这些仿同现象，基本上源于"内射"作用。因内射作用主要是婴儿早期心理机制的特点，是人格未成熟时所表现出的心理活动，故内射作用被认为是不成熟的心理防卫机制之一。

五、退行作用

退行作用是指恢复到原先幼稚行为的一种心理防卫术。我们知道，随着年龄的增长，一个人的人格是以循序渐进的方式逐步走向成熟的。因此，人在长大以后，应付事情的方式会有很大改变，比较成熟。

比方说，小孩一旦有了排泄的欲望，就会随地大小便，而成人则会考虑到适当的地点或时间；小孩一遇到不如意之事，就痛哭流涕，而成人则会因需要懂得"饮泣吞声"或"强抑悲痛"，甚至强颜欢笑，即既要考虑到什么是社会可接受的行为方式，也要考虑怎样的反应才有效且合适。不过，有时人们在遇到事情后，会放弃已经达到的比较成熟的适应技巧或方式，恢复使用原先较幼稚的方式去应付困难，或满足自己的欲望。这就是退行作用或退行现象。

这种现象，是在遭受外部压力和内心冲突不能处理时，借此退回到幼稚行为以使自己感到舒服、安慰的一种心理防卫法。这种现象各年龄阶段均可看到。由于环境的刺激，儿童会放弃已经养成的习惯而恢复到更小时候的水平。例如有一个5岁孩童，本来已经学会了自行大小便。后来突然开始尿裤子、尿床。为此，他母亲烦恼异常。经过仔细分析，才了解到这家最近添了一婴儿，母亲把全部精力都放到了小弟弟身上，整天"端屎端尿"，而无暇顾及"不惹麻烦"、"能自己照顾自己"的"乖哥哥"。这个男孩子发觉不能像从前一样获得父母亲的照顾，乃改为退行。

事实上，人一生中，难免有重回到未成熟时代的表现以重温旧梦获取满足的时候，只要无伤大雅，均可不用进行心理调节。比如，父亲与孩子捉迷藏，像个小孩子似的趴在地上玩。这种短时间、暂时性的退行现象不但是正常的而且是极其需要的。

可是假如一个人遇到困难时，常常退行，使用较原始而幼稚的方法应付困难，或利用自己的退行来获得他人的同情和照顾，以避免面对的现实问题或痛苦，就成了心理问题了。因为退行作用毕竟是一种逃避行为而不是面对困难解决问题，况且不成熟的行为几乎无法避免地把困难加重得越发不可收拾。

假如一个人在小时候遇到困难时，常发生头痛、肚子痛、手脚麻木等现象，且一头痛就可不去上学，肚子一痛就不用考试，手脚一麻父母就会特别照顾。到长大以后，遇到不能应付的困难时，就易退行，采用同样的方法处理，而"产生"头痛、肚子痛等现象，以此逃避现实的困难。

六、幻想作用

幻想作用是指一个人遇到现实困难时，因无法处理而利用幻想的方法，使自己从现实中脱离开或存在于幻想的境界中，以其情感与希望任意想象应如何处理其心理上的困难，以得到内心的满足。它是一种与退行作用十分相似的心理防卫术。它可以说是一种部分的、且为思维上的

心理健康篇

退行现象。

例如，一个在现实中备受欺凌的女孩，她可以想象自己有一天会碰到一位英俊的王子，且助她脱离苦境带来幸福……这是西方童话中的"灰姑娘幻想"。如果一个男孩子觉得处处受大人限制时，往往会沉浸在"孙悟空式"的白日梦中，认为自己如果有七十二变的能耐就好了。对能力弱小的孩子说来，以幻想方式处理其心理问题是正常的现象。但如果一个成年人仍然常常采用这种方式应付实际，就是毛病了。特别当他将现实与幻想混为一谈时，就沦为病态了。

理想化作用是幻想作用的表现之一。它是指对另一个人的性格特质或能力估计过高的现象。当一个孩子对父母理想化时，便树立了一种典范且确信自己同样伟大。他自傲而安全地感受到，他的父亲是世界上最伟大的，他的母亲是最美丽动人的。理想化作用对一个人的安全感有帮助，但会酿成虚幻的自尊，因为理想化作用带有浓厚的自我陶醉色彩。

同其他心理防卫术一样，幻想作用有其积极的一面。比如它能使人获得满足感，使人感到精力充沛和斗志旺盛等。然而，幻想作用也易形成陷阱，因为幻想作用往往通过夸大他人的优良表现，从而宽容自己对失望和挫折的反应，形成以他人的成就来代替自己的努力实践的倾向。由于这种满足感是理想化的，而非自己努力的结果，过分使用就会形成不健康的心理和导致一些实际上和情绪上的困扰。

七、潜抑作用

所谓"潜抑作用"，是指把不能被意识所接受的念头、感情和冲动不知不觉抑制到潜意识中去的一种心理防卫术。它是心理防卫机制中最基本的方法。

一般而言，人们都具有将一些所不能忍受或能引起内心挣扎的念头、感情或冲动，在尚未为人觉察之前，便抑制、存储在潜意识中的倾向，以使自己不至于知道，保持心境的安宁。这些存储在潜意识中的念头、感情和冲动，虽不为人知，却可能不知不觉影响到人们的日常行为，往往做出些莫名其妙的事情来。换句话说，潜抑作用乃是把不愉快的心情，在不知不觉中，"有目的地忘却"，以免心情不快。它与通常所谓的"自然遗忘"，即因记忆痕迹的消灭而自然忘掉的情形性质不同。它与压制作用也不一样，压制作用是指有意识地抑制自己认为不该有的冲动与欲望的现象。

潜抑作用在日常生活中常可见到，只是不被人注意罢了。比如说，接到一封信，如果信的内容使我们觉得不愉快而不愿意回信时，往往会把回信这件事"忘掉"。在心理治疗过程中，也常常可以发现这种潜抑作用。一位求治者详细地向施治者述说他小时候的事情。从四五岁上幼儿园开始，到如何进小学、念中学……结婚、工作等，事无巨细，说得十分详细。尽管他每次与施治者会谈时，总是试图尽量把过去的生活史详细讲出来，但他却一直到几个月之后，才说出自小时父母分居以后，他一直与母亲同床而眠直到15岁。

当施治者问他为何没将这件非常重要的事情讲述出来时，他却惊讶地问："哦?! 我没告诉你吗? 我以为已经讲过了……""也许我认为没什么特别的，所以没告诉你……"从心理学观点来分析，他并非忘了，也非故意隐瞒，而是因为他对此事特别敏感，认为自己的毛病是缺乏男子汉气概。而这些问题的成因乃是因为与母亲同床而眠的缘故，心里觉得羞愧、难过。所以，使用心理防卫机制，把有关这件事的记忆及其连带而来的不愉快的感觉，一起潜抑下来。因而他会一时想不起来。

同其他心理防卫术一样，潜抑作用也具有二重性。就其积极方面而言，它能帮助人们控制足以引发罪恶感受的冲动或与道德伦理相违背的念头，以及它能通过一种暂时的"遗忘"来保护受创伤的心灵。但潜抑作用也是一种消极的逃避行为，并不能从根本上解决问题。

八、转移作用

转移作用是指，把对某一方的情绪反应转移到另一方的心理防卫术。这是人们常有的倾向，即把自己对某一对象的情感，诸如喜爱、憎恶、愤怒等，因某种原因无法向其对象直接发泄，而转移到其他较安全或较为大家所接受的对象身上。例如：

一位丈夫在办公室里受了上级的责备，一肚子的气因工作而不敢发作，只好忍气吞声。但一回到家中，可能就会对妻子粗声粗气，甚至发一阵子脾气，而做妻子的莫名其妙，一肚子火没处发，刚好小儿子在旁边，便顺手给了儿子一巴掌。儿子平白无故地挨了一巴掌，满腔愤怒，但孩子当然不能打妈妈，回头一看，小花狗正在摇尾巴。他走过去抬起脚就给了小花狗一脚……

本来是丈夫受了上级的气，转来转去，最后发到了小狗身上。尽管怒气没有发到本来的对象身上，但因为得到了转移，出了气，心情也就舒展多了。这是因为对某一对象的情感、欲望或态度，是不为自己或社会所接受的，所以把它转而移到另一个比较可以接受的对象身上，以减轻自己精神上的负担，即为"转移作用"。

一般说来，人们所转移的对象，与原来的对象有相似关系，具有代替的性质，像小孩子喜欢吮奶头，长大了没有奶头可吮，便改为吸吮手指头，再大一点时改为咬笔尖，更大时，变成抽香烟或嚼口香糖，就是一个明显的例子。有一位母亲，带着她的两岁孩子来找心理医生咨询。

最近她发现孩子常常抱着自己的小枕头到处跑，怎么打骂都不听。同时，不管在家里或者在外面，常常吵着要枕头，并且常用手指头捏着枕头的角，玩个不停。如果妈妈带他外出，非要拖着一个枕头不可，使妈妈又气又急。后来，心理医生从妈妈那里了解到，这个孩子出生不到半年，妈妈的父亲突然得了重病，为了照顾其父亲，只得把小孩留在家里让丈夫照顾。在这一段时间里，每当小孩哭的时候，丈夫就扔一个枕头让他抱着玩，因此，他无形中养成了习惯，把枕头角当成奶头吮吸，或用手指头去玩弄，把对母亲的依恋转移到了枕头身上。

转移作用在心理治疗过程中经常出现。求治者常常在不知不觉中把小时候对其重要人物（通常是自己的父亲）所表现的关系，转移到施治者身上，形成了病人与医生的普通医患关系之外的另一种关系，即为"移情关系"，这种关系也是转移作用的一种。

九、反向作用

反向作用是指，采取一种与原意相反的态度或行为的心理防卫术，它是人们为处理一些不能被接受的欲望与冲动所采用的防卫手段。人有许多原始冲动和欲望，由于是自己及社会所不容忍和不许可的，故常被压抑而潜伏到所谓的潜意识之中，不为自我所觉察。这些欲望及冲动虽然被抑制下去，但并未被改变或消除，仍然具有极大的驱动力，随时在伺机爆发。所以为防止这些冲动爆发出来，不得不加强防御。例如：

有位学生因为在学校一言不发而被送来就诊，咨询结果发现他不仅不主动讲话，而且在老师询问或斥责他时，反而用手捂紧嘴巴，因此被认为是精神错乱者，通过反复询问后才得知其不爱讲话的原因：这个学生以前脾气很暴躁、有话必说、有气必发。直到不久以前，一次在发脾气时，他拿刀子威胁表哥，表哥因害怕不慎跌倒而被他的刀子刺成重伤。

他与表哥一起长大，平时感情很好，只因一时冲动，几乎置表哥于死地。他因此后悔不已，从此很怕自己发脾气，见到刀、剪刀等锐器，都要退避三舍，不仅如此，而且会用左手抓紧自己的右手，唯恐一时控制不住，会抓起刀去杀人。至于上课捂住嘴，是因为有一次老师因一件事情而斥责他，他心里很生气，但一觉察到自己在发火时，就惊恐起来，担心会骂老师，甚至动手，所以连忙用手将嘴捂住。

他这种过分小心的行为，是反向作用的典型例子。

十、抵消作用

所谓"抵消作用"是指，以象征性的事情来抵消已经发生了的不愉快的事情，以补救其心理上的不舒服的一种心理防卫术。健康的人常使用此法以解除其罪恶感、内疚感和维持良好的人际关系。如一个小孩会说"对不起"，或以乖的表现来弥补他的错误行为。一个小孩长大之后，同样会在适当的时候继续以这种表示歉意的方式来补偿自己的不当行为。

一个人做了对不起别人的错事，他也许会为对方做一次好事，或主动为对方帮一次忙来抵消他的愧疚之情。

过年的时候，我国的习俗是图吉利，最好不要打破东西，不要讲不吉利的话，否则这一年财运都会不好。如果不慎打破了碗，则家里的老人们会急忙说"碎（岁）碎（岁）平安"，用谐音法来抵消。这是因为一些不幸事件，使我们心里难受和不安，由于事情本身已经发生了无法补救，只好做一些象征性的事情来弥补，以减少内心的不安。这种做一些象征性的事，企图抵消已经发生了的不好的事就是抵消法。

有时，抵消作用不是用来弥补已经发生了的事实，而是用来抵消自己内心的罪恶感，或自己以为邪恶的念头。比方说，妈妈照顾小孩，不小心让小孩子碰到了门、撞倒了桌子而哭起来，做妈妈的常常会用打门、打桌子的方式来哄小孩子。其实并不是大人相信门或桌子真会撞人，或者是打门或打桌子就帮小孩子出了气，只不过是因为内心不安，觉得自己对孩子照顾不周，故意地做出一些事情来象征"我也尽了力"，以抵消其内疚。

抵消现象在临床病案上也常可观察到。一位病人，一次不慎说错了话而出了纰漏，以后他每说一句话，就倒抽一口气，表示已把刚才说的话收回来了，不算数；或用手蒙住嘴，表示我没有说，这样心里就踏实多了。

十一、补偿作用

补偿作用是指，个体企图用种种方法来弥补其因生理或心理缺陷而产生的不适感，从而减轻其不适感的一种心理防卫术。这种引起心理上产生不适感的缺陷，可能是事实，也可能仅仅是想象而存在的。有些人觉得自己的身体素质欠佳，不能在运动场上有出色表现，于是在学习上拼命用功，在考场上出成绩；有的人功课不好，便在社交场所大出风头。所谓"失之东隅，收之桑榆"，乃补偿作用也。

补偿作用使用得当，对维护自身形象及心理健康极为有利；运用不当或过度，则会产生负效应。

一位母亲，在朋友的劝告下到心理门诊求治。她有三个孩子，老大、老二念中学了，品学兼优，做母亲的对他们的教育得心应手，效果较好。唯有老三，已7岁，顽皮异常，经常惹祸，母亲对他束手无策，无计可施。这位母亲说："我最疼爱这个孩子，有好穿的让他先穿，有好吃的让给他吃，从来没有打过他。"

经过数次会谈，才发现做母亲的曾因身体虚弱，生了两个孩子后便不想生了，但意外地又怀了孕，自己吃了些药想打胎，却没有成功，只好作罢。结果孩子生下来以后，体重不足，长大了些又常常生病，做母亲的总感到有愧于他，认为自己没有资格做他的母亲，所以为了补偿自己的罪恶感，便对这个孩子格外溺爱，要什么给什么，要怎样就怎样。孩子受娇纵，就产生了行为问题。

经过心理医生的分析，母亲认清了自己因过分溺爱儿子反而害了他，便一改往日作风，对此子严加管教，不久孩子的问题就消失了。

可见，补偿作用可形成一种强有力的成就动机和有效能的力量，以适应人们改正自己的缺陷。补偿作用还可以增进安全感、提高自尊心以及维护心理健康水平。但是过分的补偿则害多益少，不利心理健康。

十二、合理化作用

合理化作用又叫文饰作用，是指个人遭受挫折或无法达到所要追求的目标，以及行为表现不符合社会规范时，用有利于自己的理由来为自己辩解，将面临的窘迫处境加以文饰，以隐瞒自己的真实动机或愿望，从而为自己进行解脱的一种心理防卫术。

合理化作用是人们运用得最多的一种心理防卫机制，其实质是以似是而非的理由证明行动的正确性，掩饰个人的错误或失败，以保持内心的安宁。

一般说来，每种现象或事件的发生，都可用许多理由与方法进行解释。合理化，则是从个体的心理需要出发，从一系列理由中选择其中一些合乎自己内心需要的理由去特别强调，而忽略其他理由，以避免心理上的痛苦。

古时候有个故事，说是一个吝啬的主人带了仆人外出，途经一个小店，主仆二人进去各吃了一碗面当作晚饭。仆人心想应该由主人付钱，就没有自己结账。主人碍于面子，勉强替仆人付了钱，心里却极不情愿。

出得店来，天色已黑，仆人点上灯笼，跟随在主人身后，慢慢向前赶路。主人因为刚才的事，心里还在生气，便借题发挥，转身对仆人说："你打着灯笼，却走在我后面，我怎么看得见路？"仆人一听，提起灯笼，脚底加油，快走了几步赶到主人前面照路。

哪知气喘未定，却听见主人大吼一声说："你好大的胆子，居然走到了我的前头，让我变成你的跟班了。"

仆人一听，走在前面也不行，便后退一步与主人同行，心想这下可行了吧？谁知主人火气更大，停下来说道："好了，造反了，你这样子与我并肩而行，难道我们是平起平坐的吗？"

仆人无可奈何，只好低声抗辩："老爷，我走前也不是，后也不是，平行也不是，请问老爷，您到底要我在哪里走呢？"

老爷两眼一翻说："把刚才那顿饭钱还给我，你爱走哪里就走哪里。"

这虽然是个笑话，却说明了同一件事情可以有许多不同的看法，而各种看法虽然不同，却都言之在理。重要的不在于说出来的"理由"，而在于其本来的动机。

合理化作用与外射作用不同。外射作用是将自己内心无法接受的感觉、动机及行为归于别人，以保持自己心灵的宁静。合理化作用则在为自己找冠冕堂皇的理由。比如，一位学生考试未及格，即归咎于教师教得不好，其实，考试失败的原因有很多，像天资不够、没有用心听讲、准备不充分等，并不一定是教学问题，然而，承认前面任何一种理由，都会引起自己心中的不快，如果归咎于教师教得不好，就心安理得了，所谓"天亡我也，非我之过"。

合理化的另外一种表现是，在追求某一种东西而得不到时，为了冲淡自己内心的不安，就得为自己找一个"理由"，于是常常将对方贬低，认为并非我追求不力、条件不够，而是"不值得"太卖力，借以安慰自己，《伊索寓言》中吃不到葡萄便说葡萄酸的狐狸就是很好的例子。这种认为自己得不到或没有的东西就是不好的现象，即称为"酸葡萄"心理。

另一种与此恰恰相反的合理化作用，称之为"甜柠檬"心理。具有"甜柠檬"心理的人，不说自己得不到的东西不好，却百般强调凡是自己所有的东西都是好的。如果他得不到葡萄，只有柠檬，就认为柠檬是甜的，这样也可以减少内心的失望和痛苦。比如说，有的孩子天资稍差，智力平平，便安慰自己说"憨人有憨福"；有人被偷了，就说"失财免灾"。

这种知足常乐的心理防卫机制，不失为一种帮助人们接受现实的好方法。所以说合理化作用运用得当，可以消除心理紧张、缓和心理气氛、减少攻击性冲动和攻击行为产生的可能性。若运用过度，则会有碍人们追求真正需要的东西。

例如有些存在心理障碍的病人，也常用合理化作用来处理问题。有位病人，怀疑邻居故意与他为难，制造声响来骚扰他，当他"觉得"邻居在吵闹他时，马上凶狠狠地跑到别人家里，高声责骂，有时甚至动手打人。他不但不承认自己脾气暴躁，反而认为他是在教育大家和平相处，完全合理。

十三、压抑作用

压抑作用是指，当一个人的欲望、冲动无法达到心理满足时，有意识地压抑、控制、想办法延期，以满足其需要的一种心理防卫术。它是最基本的成熟的心理防卫机制。换句话说，压抑作用是"自我"机能发展到一定程度之后，才能执行的心理机能。举例来说，一个儿童看到食品店门口摆着香喷喷的食品时，只能抑住口水，心想：这是商店里东西，自己不能拿，回家向妈妈要钱来买才行……等。

可以说我们之所以能保持正常的人际关系、社会秩序，很大程度上是依靠每个人的压抑作用来约束自己的行为的。越是成熟、有修养的人，就越能自如地使用压抑作用。

在心理治疗过程中，常常看到一些病人因过分使用压抑作用，把自己本来无可非议、正常的欲望或本能都拼命地去压抑，以致无法自由行动，形成一种病态反应。一般说来，过分谨慎、严肃、呆板的强迫性性格异常者，就属于这种例子。所以，如何适当地应用压抑作用来调节原始的欲望，使自己能恰如其分地应付现实环境，并符合社会价值规范，是人格完善与成熟的基本内容。

十四、升华作用

升华作用是指把被压抑的不符合社会要求的原始冲动或欲望，用符合社会要求的建设性方式表达出来的一种心理防卫术。在现实社会中，个体的某些行动或欲望，是与社会规范不相符合的，如果直接表达出来，就可能产生不良后果而受到责罚。因而必须改头换面以迂回曲折的方式表现出来。

比如说，将杀人、打人的冲动，改为以骂人或仅仅是讽刺人的方式来表现。因为杀人、打人是社会所不容许的，会受到严重的处罚；但骂人或讽刺人，则显得无所谓。这样采取社会较能接受的方式，同样可以发泄自己的本来情感，而不会引起内心的焦虑与紧张。如果将这些冲动或欲望导向此较崇高的方面，使其以有利于社会和本人的形式表现出来时，无意识欲望即得到满足，这个过程就叫升华。

有位保险公司的火灾调查员，每次听到哪里有火灾，就马上跑过去看，以便调查起火的原因，帮助公司鉴定是否需要负责给予赔偿。这位职员每到火灾现场时，总会产生一种说不出的兴奋，因为他从小就有一种嗜好，喜欢拿火柴点火玩，看到东西燃烧就觉得很高兴。他虽有这种玩火的欲望，却不会随便去放火。反而善于利用，当了一名火灾调查员，为公司服务，可说是升华作用。

升华作用能使原来的动机冲突得到宣泄，消除焦虑情绪，保持心理上的安宁与平衡，还能满足个人创作与成就的需要。

十五、利他作用

利他作用是指，采取一种行动不仅能直接满足自己的欲望与冲动，同时所表现的行为又可帮助他人、有利于他人，受到社会赞赏的一种心理防卫术。它是一种与升华作用类似的心理防卫机制。

比如，某人一看到小孩就产生浓厚的兴趣，希望与之接近。假如她想办法从事一种工作，如去幼儿园做老师，就可天天与小孩子在一起，照顾小孩，满足自己的兴趣，同时又对孩子们有好处，这可以说是利他作用的表现了。

在社会生活中，许多从事社会福利工作的人员，往往也是应用利他作用的机制既满足自己，又满足他人的。

十六、幽默作用

当一个人处境困难或陷于尴尬境地时，有时可使用幽默来化险为夷，渡过难关；或者通过幽默间接表达潜意识，在无伤大雅的情形中，表达意念，处理问题。我们将这种心理防卫术称之为幽默作用。

西方有个关于苏格拉底的故事。这位大名鼎鼎的哲学家，其妻的脾气非常暴躁。有一天，当苏格拉底正在跟一位客人谈话时，夫人忽然跑进来大骂苏格拉底，接着拿桶水往苏格拉底头上一倒，将他全身都淋湿了。这时，苏格拉底一笑，对着客人说："我早就知道，打雷之后，一定会下雨的。"本来很难为情的场面，经苏格拉底这么一幽默，就把大事化小了。

由此可见，幽默也是一种高尚成熟的心理防卫机制。人格发展较成熟的人，常懂得在适当的场合使用合适的幽默，可以将一些原来较为困难的情况转变一下，大事化小，小事化了，渡过难关，免除尴尬。它是一种成功的适应方法。

自我潜能的开发

一、什么是潜能？

什么是潜能？潜能是潜在的能力和力量；内在的没有发挥出来的力量或能力，也就是人类原本具备却忘了使用的能力。

每个人都带着成为天才人物的潜力来到人世，你也带着幸福、健康、喜悦的种子来到人间，每个人都是如此。人脑与生俱来就有记忆、学习与创造的潜力，你的大脑也一样，而且能力比你所能想象的还要大得多。

人类的大脑有千亿个神经细胞，这已是科学上不争的事实，然而，人脑的力量虽令人敬畏，却也难以捉摸。唯有先懂得如何去开发脑中的无限潜能，才能真正运用这份力量。我们必须先接受一个观念，那就是真心地相信自己与生俱来的潜力还没有完全展现出来。

现代脑生理学的研究证实，人的大脑具有巨大的学习潜能。大脑储存知识的能力一般人只使用了其思维能力的很小一部分。如果我们能迫使自己的大脑达到一半的工作能力，我们就可以轻而易举地学会数十所大学的课程。近年来我国开展的旨在开发大脑潜能的教改实验，也取得了显著成果。

二、潜能的类型

人群当中经常隐藏着达·芬奇式的人物。通过训练，有人会具有达·芬奇那样的聪明才智。这是英国智力研究人员托尼·巴赞在他最近出版的《大脑第一》一书中得出的结论。查尔斯王子用托尼·巴赞的办法提高了记忆能力；国际商用机器公司派自己的员工向巴赞求教。巴赞发表了许多有关智力和学习有关系的书。托尼·巴赞提到了每个人所具备的九个方面的潜能，通过训练，这些潜能是可以被开发的，这些潜能是：

1. 创造潜能

创造性不只是可以画一幅画或者会使用一种工具。做一顿晚餐是创造，侍弄花园也是创造。考虑如何让足球队战胜对手也需要有创造性。你可以当个想入非非的人，每天至少浮想联翩 10 次。你不妨做个试验，起床时继续想你的梦并把它作为日记记录下来。通过游戏发挥你的创造性。把用一根曲别针可以做出来的所有东西都记录下来，想法会不会超过 16 种？好极了，这说明你也像灯泡的发明者爱迪生一样有创造性。

2. 个人潜能

谁如果能够做到使自己的内心处于平和状态，那么他就可以比较充分地发挥个人的潜能。只有了解自己而且内心充实的人，才能达到充分发挥个人潜能的目的。经常检查对你来说什么是好的，什么是不好的事情。每天享受 10 分钟的安静，对自己进行评价，目的是对自己生活中积极和消极的事情有个更加清楚的认识。

3. 社会潜能

社会潜能同个人潜能相反，可以理解为组织能力，也可以理解为调动别人的积极性的能力，如果需要这样做的话。人与人之间的交往就是一种奇迹。每天，你都在有意识地这样做。你进了剧院，舞台就是建立社会关系的练习场地。如果一个聪明人和一个傻瓜在谈话，谁学到的东西更多？对这样的问题你应该经常考虑。你要学会多听别人的意见。

4. 精神潜能

精神智慧的人，不会仅仅看到个人的和自己所在集团的利益。他不只是聪明，而且是明智的。个人的价值观给他以动力。你会对自然产生灵感；你会享受到阳光的照射和鸟儿的歌唱；你会发现儿童天真的本质并感受到什么是健康。如果你对自己的价值观是明确的，并采取相应的行动，那么你在精神方面就永远是有智慧的人。

5. 身体潜能

躯体拥有自身的潜能。无论是演员、舞蹈演员，还是运动员，凡是靠体力工作的人都知道这一点，经常锻炼可以增强身体的潜能。为了使身体保持灵活，你应该经常跳舞，吃健康食品。使运动成为习惯，有 21 天的时间就足够了。那时你的身体就会自发产生有助于健康的锻炼要求。你便有了这方面的意识，你要学会遵从自己身体的需要。

6. 感觉潜能

多数人进食不辨味道，没有感觉。我们的鼻子有 500 万个嗅觉感受器，我们的眼睛可以辨别 800 万种色彩。应该尽可能把人体内潜在的 5 种丰富的感觉记忆潜能充分发挥出来。你可以经常进行有意识地锻炼，经常练习分辨大自然的声音，例如各种鸟儿的叫声，体验能使自己皮肤舒服的衣服。

7. 计算潜能

许多人认为，计算能力是一种天才。这种看法是错误的。每个人都具备计算能力。这种能力需要被激发出来。好在所有数字都是只由 10 个数码演变来的。在你用袖珍计算机计算之前，先用脑子计算。伟大的数学天才就是这样锻炼自己的能力的。你不妨经常进行这样的计算，即工作占用多少时间、同家人在一起的时间是多少、睡觉和学习又用去了多少时间。你可以经常练习用脑子计算，在日常生活中多注意数字。例如数数在每个超级市场的收款台前有多少人在排队，货架里有多少件商品。

8. 空间潜能

空间才能就是看地图、组合各种形式以及使自己的身体正确通过空间的能力。舒麦加就是一位空间天才。在赛车道上，他能够驾驶时速为300千米的法拉利赛车灵活地在其他 F－1 赛车之间穿行。调查表明，伦敦的出租汽车司机的脑子随着开车时间增加越来越好使，因为他们把城市的情况都储存在脑子里了。社会活动有助于一个人的空间潜能的发挥。

9. 文字表达潜能

扩展你的文字财富。如果您开始时掌握1000个单词，哪怕每天只增加一个新的单词，那么1年后您的文字表达能力就会提高40%。最好的办法是多看书、多练习写作。

三、如何开发自己的学习潜能

人的学习潜力是无可限量的，但这一潜力需要积极开发，才能使潜力变成实际的能力。那么青少年学生怎样开发自己的学习潜能呢？

（1）要树立远大志向

古人讲"非志无以成学"、"志不强者智不达"。所谓立志就是激励自己走向一条进取的、迎难而上的、智慧的人生之路。人有了志向，就会对自己严格要求，就会克服前进路上的任何困难，他的聪明才智才会发挥出来。正如高尔基所说："我常常重复这样一句话，一个人追求的目标越高，他的才力就发展得越快，对社会就越有益，我确信这也是一个真理。"有些同学智商很高，但由于缺乏远大志向，现有的智力都不能得到彻底发挥，更谈不上开发潜能。

（2）要提高身心健康水平

健康的身体、充沛的精力、愉快的心情可使人的智力机能很好地发挥作用；反之，人的智力活动就会受到压抑。可见身心健康是开发潜能的基础。要提高身体健康水平，可以从饮食、睡眠、锻炼三方面进行调整。要提高心理健康水平，需要培养自己的性格，建立和谐的人际关系。

（3）培养良好的心理品质

心理品质包括道德品质、意志品质、自信心、责任心等。有一位心理学工作者对 1850～1950 年间的 301 位科学家进行研究，发现这些人不但智力水平高，而且在青少年时期就表现得十分坚强，有独立性，这些人充满自信心，有百折不挠的坚持精神。可见，培养良好的心理品质对开发人的学习潜能作用重大。

（4）学会学习

有人说过："未来的文盲不是不识字的人，而是没有学会学习的人。"学会学习可以使人更有效地发挥出自己的学习潜能。学会学习包括全脑学习、全身心学习、科学地学习、创新学习等。

上面从四个方面讲了怎样开发学习潜能，实际上主要是两大方面：①学会做人，②学会学习。这两方面也是密切联系在一起的。

四、发挥超常的潜能

任何一个平凡的人都存在巨大的潜能，只要他的潜能得到发挥，就可干出一番事业。因为研究发现，那些被世人称为天才者，为人类做出突出贡献者，只不过是开发了他们的潜能而已。

例如，20 世纪的科学巨匠爱因斯坦，在他死后，科学家对他的大脑进行了研究。结果表明，他的大脑无论是体积、重量、构造或细胞组织，与同龄的其他人一样，没有区别。这说明，爱因斯坦事业的成功，并不在于他的大脑与众不同，而是在于他开发了自己的潜能。

其实，人不仅具有巨大的心脑潜能，还有巨大的潜在体能。一个人能搬动一辆汽车，你相信么？但这确实是真的。在一家农场，有一辆轻型卡车，农夫的儿子年仅 14 岁，对开车极感兴趣，有机会就到车上学一会，没过多久，他就初步掌握了驾车的技能。

有一天儿子将车开出了农场大院。突然间，农夫看到车子翻到水沟里去了，大为惊慌，急忙跑到出事地点。他看到沟里有水，而他儿子被压在车子下面，躺在那里，只有头的一部分露出水面。

这位农夫并不高大，也不是很强壮，但他毫不犹豫地跳进水沟，双手伸到车下，把车子抬高，让另一位来援助的农工把儿子从车下救了出来。事后，农夫就觉得奇怪，怎么一个人就把汽车抬起来了呢？出于好奇，他就再试了一次，结果是根本就抬不动那辆车子。

这件事情说明，农夫在危机情况下，产生一种超常的力量。这种力量从何而来呢？

医务人员解释为，身体机能对紧急状况产生反应时，肾上腺就大量分泌出激素，传到整个身体，产生出额外的能量。大量肾上腺激素分泌的前提条件，是人的体内能够产生这种多腺体。如果自身没有，任何危机都不能使其分泌出来。由此可见，人确实是存在极大的潜在体能。

另外，农夫在危急情况下产生一种超常的力量，并不仅是肉体反应，它还涉及到心智精神的力量。当他看到自己的儿子压在车下时，他的心智反应是去救儿子，一心只想把压着儿子的卡车抬起来，正是这种力量，使他的潜能得到了发挥。

又如，一个孩子的母亲，能准确无误地接住从四楼阳台上掉下来的孩子，你相信吗？但这的确是一个真实的故事。有一位年轻的母亲，在家照顾她两周岁多的儿子，孩子睡着后，母亲把儿子放在小床上，她趁儿子熟睡这段时间去附近的菜市场买菜。

这位母亲买完菜走到居住的楼群时，由于惦记着儿子，她不由得朝自己居住的方向望了一眼。这一望不得了，她发现四楼阳台上有个黑点在蠕动。"糟了，我的儿子！"她大叫一声，疯狂地往前跑，边跑边喊，"孩子不要往外爬！"但是孩子哪里听得懂呀，他看到妈妈朝他挥手，兴奋得乱蹬乱舞，拼命往外爬。

这时要跑到四楼阻止儿子已经来不及了，这位母亲于是就拼命地跑，刚好在儿子掉下来的一刹那，跑过去伸出双臂稳稳地把儿子接住了。

这件事立即轰动了当地的市民，电视台记者来了，要把这人间奇迹摄下来。于是，他们找到这位母亲，要她重复一次。这位母亲惊恐地摇摇头，死也不干。后来，记者说："不是让你的儿子重新试验，只是找个布娃娃从四楼掉下来，你再去接住。"这位母亲同意了。

但是，一次、两次、三次，布娃娃都掉在了地上，怎么也接不住。这位母亲说："因为孩子不是自己的，并且又是假的。"你看，孩子不是自己的就接不住，孩子是自己的就能接住。其动机如何，我们暂且不论，但足以说明，人的潜能是存在的。

由此可见，我们每个人都有巨大的潜能。任何平凡的人，只要经过潜能开发训练，潜能得到适当的发挥，都可干出一番惊人的事业。无论是现在事业有成，还是事业无成；无论是年老者，还是年轻人；无论是搞行政的还是搞业务的，只要相信自己，相信自己的潜能，并用科学的方法加以开发，定会有所作为。

人具有巨大的潜能，心理学家们研究发现，人的潜能与潜意识有关。而且人的潜能就存在于潜意识之中。由此可见，要开发人的潜能，须对人的潜意识有所了解。

内在成功机制的探索

每一种生物都有一套内在的帮助其达到生存目标制导系统或者目标追寻系统的能力。在生命的比较简单的形式中，"生存"的目标仅仅是指个体与种族的实体存在。动物的内在机制仅仅限于寻找食物和住处，躲避或战胜天敌和自然灾害，以保证种族的延续。而对于人来说，"生存"不仅仅意味着活下去。它已超越了肉体的存在与种族的繁衍，还需要某种情感和精神方面的满足。人的内在"成功机制"的内涵也比动物要大——除了帮助个体躲避或战胜危险，除了产生"性本能"帮助种族繁衍外，还能帮助其解难答疑、发明创造、写诗作曲、管理企业、销售货物、探索新的科学领域、求得心境的安宁、发展良好的个性，并在与他的"生存"或追求美满生活的其他一切活动中取得成功。

一、成功的"本能"

许多动物不经教化就有采集食物、把多余的食物囤积起来的本能。

人们不明白这些现象，便通常解释为动物有某种指引它的"本能"。分析这些本能后就会发现，它们能够帮助动物成功地适应环境。简而言之：所有动物都具有一种"成功本能"。

我们往往忽略了这样一个事实：人也有一种成功的本能，并比其他任何动物的本能都更为奇特，更为复杂而且强烈。

动物不能任意选择目标，它们的目标（自我保护和繁衍）可以说是既定的。它们的成功机制也仅仅限于这些既定的目标，也就是我们所说的"本能"，而缺少了能动适应环境的能力。

相反，人却具有动物所没有的东西——创造性想象力，人可以利用想象去设计不同的目标，根据目标去达到成功。只有人才能利用想象力去指导成功机制。

实际上我们所做的每一件事中，想象力都是不可缺少的。历代伟大的思想家以及头脑冷静的实干家们都承认这一事实，并善于利用，可能他们并不一定明白想象力为什么是怎样去开动创造性机制的。

拿破仑曾经说过："想象力统治世界"。格林·克拉克认为："人类所有的才能中，与神最相近的就是想象力。"苏格兰杰出的哲学家杜格尔德·斯特华特也说："想象的才能是人类活动最伟大的源泉，也是人类进步的主要动力……毁坏了这种才能，人类将停滞在野蛮的状态之中。"亨利·凯瑟尔宣称："你可以想象你的未来。"越来越多的成功者发现他们在事业上的成就来源于创造性想象积极的建设性的作用，并将它视作一种成功技能引入事业和生活中。

二、时刻发展新的自我意象

发展新的自我意象，改变郁郁寡欢的失败型个性不能依靠纯粹或勉强的意志力。必须要有充足理由、足够证据确认旧的自我意象是错误的，因而要发展相应的新的自我意象，不能仅仅凭空想象出一个新的自我意象，除非你觉得它是有事实为依据的。经验表明：一个人改变自我意象时，总觉得由于某种原因"看到"或者认识到自己的本来面貌。

正如爱默生所说过的："人无所谓伟大或者渺小。"

任何一个人都会由自己主宰"指引着走向成功"，任何一个人都有大于自身的力量，这就是"你自己"。

要熟悉下面的基本原则——你的成功机制就是依据它们进行工作的。

（1）内在的成功机制必须有一个"目标"。你必须想象到，这个目标"现在已经"以实际的或潜在的形式"存在着"，成功机制的工作是把你引向一个已经存在的目标，或"发现"已经存在的事物。

（2）自动机制是"有目的"的。也就是说，它永远指向"最终结果"，向目标接近。达到目标的"凭借方法"或许不明确，但不要因此而丧失信心。自动机制的功能就是在你提出目标后为你提供"凭借方法"的。而对于最终结果，所凭借的方法会自负其责。

（3）不要怕犯错误，不要怕暂时的失败。在前进中一旦发生错误，应立即加以纠正。

（4）学习得到各种技巧都要经受考验，因此要用心修正目标，直到实现"成功的"行为。在此之后，应更多地淡化过去的错误，记取成功的经验，使它能够得以"模仿"。这样便会学到更多的东西，继续取得成功。

（5）必须信任自己的"创造机制"。不要过于担心它是否能够启动，或者过分有意识地强迫它而使它受到干扰，你必须放手让它工作。这种信任是必要的。因为创造性机制是在意识水平面以下工作的，你无法"了解"它的工作情况；而且，它的本性是根据目标的需要而自发地工作。因此，你事先得不到它的保证，它只是在你行动的时候、在你行为发布的指令下开动。但你不能等到有了证据才开始行动，只要你像是确有证据一样行动，证据自然就会显露出来。爱默生说过："付诸行为，你就会得到力量。"